I0875150

UNTERSUCHUNGEN ZUR ALLGEMEINEN THEORIE

DER

KRUMMEN OBERFLÄCHEN

UND

GERADLINIGEN STRAHLENSYSTEME

VON

DR. REINHOLD VON LILIENTHAL,
DOZENT AN DER UNIVERSITÄT BONN.

BONN
EDUARD WEBER'S VERLAG
(JULIUS FLITTNER)
1886.

Vorwort.

Um zu einem allgemeinen Verfahren zu gelangen, an der Hand dessen eine Entscheidung über die Existenz oder Nichtexistenz von Flächen mit vorgeschriebenen Krümmungsverhältnissen gefällt werden kann, hat Herr Lipschitz in seinen: „Untersuchungen über die Bestimmung von Oberflächen mit vorgeschriebenen, die Krümmungsverhältnisse betreffenden Eigenschaften" (Sitzungsberichte der Berliner Akademie vom 14. December 1882 und 8. Februar 1883) folgenden Weg eingeschlagen. Man betrachte ein Flächenelement als charakterisirt durch die Richtung seiner Normalen, durch die beiden ihm angehörigen Hauptkrümmungshalbmesser und durch die Lage seiner Krümmungslinien. Dann fragt es sich zunächst, wie die letztere zu bestimmen sei. Die Richtungscosinus X, Y, Z der Normalen der einzelnen Flächenelemente betrachten wir als Functionen der unabhängigen Veränderlichen p und q. Die Grössen X, Y, Z sind zugleich die Coordinaten eines Punktes der Einheitskugel, dessen Tangentialebene dem zu dem Werthepaar p, q gehörenden Flächenelement parallel ist. Die Einheitskugel ist jetzt mit einem System von Curven $p = \text{const.}$, $q = \text{const.}$ überzogen, und die Lage der Krümmungslinien auf einem Flächenelement lässt sich durch die Angabe eines Winkels bestimmen, welchen die Tangente einer der beiden Krümmungslinien mit der Tangente einer der beiden Curven $p = \text{const.}$, $q = \text{const.}$ auf dem dem Flächenelement parallelen Kugeloberflächenelement bildet. Ein solcher Winkel soll nach dem Vorgange des Herrn Lipschitz *Stellungswinkel* genannt werden. Die partiellen Ableitungen $\frac{\partial x}{\partial p}, \frac{\partial y}{\partial p}, \frac{\partial z}{\partial p}, \frac{\partial x}{\partial q}, \frac{\partial y}{\partial q}, \frac{\partial z}{\partial q}$ oder wie wir kürzer sagen wollen, die Differentiale dx, dy, dz der Coordinaten einer nicht abwickelbaren Fläche lassen sich nun durch die ein Flächenelement charakterisirenden Stücke, also durch die Richtungscosinus der Normalen, durch die beiden Hauptkrümmungshalbmesser ϱ_1 und ϱ_2, und durch den Stellungswinkel σ darstellen.

Denkt man sich jetzt umgekehrt diese Stücke als Functionen der unabhängigen Variabeln p und q gegeben, so lassen sich die den einzelnen Werthepaaren p, q entsprechenden Flächenelemente im Raum zu einer Fläche zusammenfügen oder nicht, je nachdem die Integrabilitätsbedingungen der in den Grössen X, Y, Z, ϱ_1, ϱ_2 und σ gebildeten Ausdrücke für dx, dy, dz bestehen oder nicht bestehen. Diese Integrabilitätsbedingungen bilden ein System von zwei partiellen Differentialgleichungen.

Die Lehre von der Krümmung der Flächen ist, wie man weiss, in der Theorie der geradlinigen Strahlensysteme einbegriffen. Auch für das soeben dargelegte Problem lässt sich ein allgemeineres aus dieser Theorie aufstellen.

Denkt man sich durch jeden Punkt einer Fläche, deren Coordinaten wieder mit x, y, z bezeichnet werden mögen, eine Gerade oder, wie man sagt, einen Strahl mit den Richtungscosinus ξ, η, ζ gelegt, und werden die Abscissen auf diesen Strahlen von der Fläche aus gerechnet, so liegt es nahe, anstatt ϱ_1 und ϱ_2 die Abscissen r_1 und r_2 der Grenzpunkte der kürzesten Abstände des Strahls (ξ, η, ζ) von seinen benachbarten Strahlen, an Stelle von σ einen Winkel τ zu benutzen, welcher die Stellung der beiden zum Strahl gehörenden Hauptebenen festlegt. Bedienen wir uns der Bezeichnungen des Herrn Kummer (Allgemeine Theorie der geradlinigen Strahlensysteme, Journal für die reine und angewandte Mathematik, Bd. 57, S. 189) und setzen:

$$e = \frac{\partial x}{\partial p}\frac{\partial \xi}{\partial p} + \frac{\partial y}{\partial p}\frac{\partial \eta}{\partial p} + \frac{\partial z}{\partial p}\frac{\partial \zeta}{\partial p},$$
$$f = \frac{\partial x}{\partial q}\frac{\partial \xi}{\partial p} + \frac{\partial y}{\partial q}\frac{\partial \eta}{\partial p} + \frac{\partial z}{\partial q}\frac{\partial \zeta}{\partial p},$$
$$f' = \frac{\partial x}{\partial p}\frac{\partial \xi}{\partial q} + \frac{\partial y}{\partial p}\frac{\partial \eta}{\partial q} + \frac{\partial z}{\partial p}\frac{\partial \zeta}{\partial q},$$
$$g = \frac{\partial x}{\partial q}\frac{\partial \xi}{\partial q} + \frac{\partial y}{\partial q}\frac{\partial \eta}{\partial q} + \frac{\partial z}{\partial q}\frac{\partial \zeta}{\partial q},$$

so lassen sich die Ausdrücke e, $f + f'$ und g in der That durch ξ, η, ζ, r_1, r_2 und τ darstellen. Zur Darstellung der partiellen Ableitungen $\frac{\partial x}{\partial p}, \frac{\partial y}{\partial p}, \frac{\partial z}{\partial p}, \frac{\partial x}{\partial q}, \frac{\partial y}{\partial q}, \frac{\partial z}{\partial q}$ oder kürzer der Differentiale dx, dy, dz reichen aber diese Grössen nicht aus, man hat noch die Richtungscosinus X, Y, Z der zum Flächenpunkt (x, y, z) gehörenden Normalen, sowie eine Relation als gegeben anzunehmen, welche f und f' selbst durch X, Y, Z, ξ, η, ζ, r_1, r_2 und τ auszudrücken gestattet. Nun besteht in der That eine lineare Relation zwischen e, f, f' und g, deren Coefficienten nur von X, Y, Z, ξ, η, ζ abhängen, und falls man mit ihrer oder mit Hülfe einer sonstigen Beziehung e, f, f' und g durch X, Y, Z, ξ, η, ζ, r_1, r_2 und τ ausdrücken kann, lassen sich auch die Differentiale dx, dy, dz durch diese Grössen darstellen, vorausgesetzt, dass die Fläche (x, y, z) nicht mit einer Brennfläche des Strahlensystems zusammenfällt.

Ein Flächenelement ist daher in allgemeinster Weise charakterisirt durch die Richtung seiner Normalen, durch die Richtung des zu ihm gehörenden Strahls, durch die von ihm aus gerechneten Abscissen der Grenzpunkte der kürzesten Abstände des Strahls von seinen Nachbarn und endlich durch die Lage der zum Strahl gehörenden Hauptebenen.

Sind nun die Grössen X, Y, Z, ξ, η, ζ, r_1, r_2 und τ als Functionen von p und q gegeben, und bildet man mit ihrer Hülfe die erwähnten Ausdrücke für dx, dy, dz, so bestimmen die einzelnen Flächenelemente mit den zugehörigen Strahlen zusammen ein Strahlensystem oder nicht, je nachdem die Integrabilitätsbedingungen von dx, dy, dz bestehen oder nicht bestehen.

Von diesen drei Bedingungen hat eine die Eigenschaft, falls die beiden anderen erfüllt sind, mit der vorhin bezeichneten linearen Relation zwischen e, f, f' und g, deren Coefficienten nur von X, Y, Z, ξ, η, ζ abhängen, übereinzustimmen. Ist daher diese Relation bei der Bildung von f und f' benutzt, so treten nur zwei Integrabilitätsbedingungen auf, während sonst drei vorhanden sind.

Lässt man die Strahlen (ξ, η, ζ) mit den Normalen der Flächenelemente zusammenfallen, so wird die in Rede stehende Relation identisch erfüllt, sodass hierin der Grund liegt, wesshalb bei dem vorhin dargelegten Problem aus der Krümmungstheorie nur zwei Integrabilitätsbedingungen auftreten. Bei den Strahlensystemen hingegen, welche wir im dritten Capitel unserer Untersuchungen betrachten werden, tritt die Beziehung:

$$e + g - f + f' = 0$$

auf. Benutzt man dieselbe bei der Darstellung von dx, dy, dz, so hat man es mit drei Integrabilitätsbedingungen zu thun.

Das so in grossen Zügen bezeichnete Problem liefert bei seiner Ausführung Methoden, deren Anwendung in vielen Fällen vortheilhaft ist. So werden wir von den gewonnenen Gesichtspunkten aus die Krümmungs- und Asymptotenlinien, ferner die Flächen mit parallelen

Normalen und deren Zusammensetzung behandeln, wobei manche bereits bekannte Resultate zum Theil eine neue Begründung, zum Theil eine Erweiterung erfahren. Auch werden die im dritten Capitel behandelten Strahlensysteme, sammt den für dieselben charakteristischen Flächen mannigfache Gelegenheit zur Benutzung unserer Methoden liefern.

Bonn im März 1886.

R. v. Lilienthal.

Inhalt.

I.

§ 1.

Bei der Bestimmung der Lage eines geometrischen Punktes mittels seiner Coordinaten x, y, z benutzen wir ein System von drei aufeinander rechtwinkligen Coordinatenaxen. Jede derselben wird durch den Coordinatenanfangspunkt in einen positiven Theil, auf welchem die positiven, und in einen negativen Theil, auf welchem die negativen Coordinaten aufgetragen werden, zerlegt. Die positiven Theile der Coordinatenaxen bestimmen wir auf folgende Weise. Hat man den positiven Theil der z- und x-Axe beliebig gewählt, so soll ein auf dem Coordinatenanfangspunkt stehender Beobachter den positiven Theil der y-Axe zur Linken haben, wenn er nach dem positiven Theil der x-Axe hinsieht, während der positive Theil der z-Axe durch seinen Körper hindurchgeht. Legen wir nun durch den Coordinatenanfangspunkt eine beliebige Gerade, so soll der positive Theil derselben derjenige sein, dessen z-Coordinaten positiv sind. Ist die Gerade in der xy-Ebene gezogen, so sollen die y-Coordinaten ihres positiven Theils positiv sein. Wären auch diese Null, so fiele der positive Theil der Geraden mit dem positiven Theil der x-Axe zusammen.

Unter den Richtungscosinus einer Geraden wollen wir die Cosinus der Winkel verstehen, welche der positive Theil der zu ihr parallelen und durch den Coordinatenanfangspunkt gehenden Geraden mit den positiven Theilen der Axen bildet. In Folge dessen wird der auf die z-Axe bezügliche Richtungscosinus positiv, verschwindet er, so ist der auf die y-Axe bezügliche positiv, und ist auch dieser Null, so wird der auf die x-Axe bezügliche Richtungscosinus gleich 1.

Eine Gerade mit den Richtungscosinus a, b, c soll kurz die Gerade (a, b, c) heissen. Hier ist a auf die x-, b auf die y-, und c auf die z-Axe bezogen. Meistens werden wir die Grössen a, b, c als Quotienten darstellen, in deren Nenner eine Quadratwurzel auftritt. Man hat dann das Vorzeichen der Wurzel so zu nehmen, dass c, wenn $c = 0$, dass b, und wenn auch $b = 0$, dass a positiv wird. Der Einfachheit halber wollen wir im Folgenden bei einer solchen Vorzeichenbestimmung den Fall $c = 0$ nicht berücksichtigen.

Betrachten wir jetzt einen beliebigen Punkt P einer Geraden. Derselbe zerlegt die Gerade in zwei Theile, von denen wir ebenfalls den einen als den positiven, den andern als den negativen bezeichnen. Der erstere ist dann derjenige, welcher nach den obigen Festsetzungen als positiv anzusehen ist, wenn man die Gerade parallel zu sich selbst ohne Drehung so verschiebt, dass P mit dem Coordinatenanfangspunkt zusammenfällt.

Ein zweiter Punkt der Geraden sei P'. Die Lage von P' in Bezug auf P wird durch die Abscisse von P' bestimmt. Ist $\bar{r}$ die-diejenige positive Zahl, welche mit der Längeneinheit multiplizirt die Entfernung des Punktes P' von P angiebt, so soll $r = +\bar{r}$ oder $r = -\bar{r}$ die Abscisse von P heissen, je nachdem P' im positiven oder negativen Theil unserer Geraden liegt.

Die Coordinaten x, y, z der Punkte einer Fläche seien nun als reguläre Funktionen zweier reeller Veränderlicher p und q gegeben, jedoch so, dass die drei Funktionaldeterminanten:

$$A = \begin{vmatrix} \frac{\partial y}{\partial p} & \frac{\partial y}{\partial q} \\ \frac{\partial z}{\partial p} & \frac{\partial z}{\partial q} \end{vmatrix}, \quad B = \begin{vmatrix} \frac{\partial z}{\partial p} & \frac{\partial z}{\partial q} \\ \frac{\partial x}{\partial p} & \frac{\partial x}{\partial q} \end{vmatrix}, \quad C = \begin{vmatrix} \frac{\partial x}{\partial p} & \frac{\partial x}{\partial q} \\ \frac{\partial y}{\partial p} & \frac{\partial y}{\partial q} \end{vmatrix}$$

nicht für jedes Werthsystem p, q verschwinden, sondern im Allgemeinen von Null verschieden sind.

Wir fassen nun einen ganz im Endlichen liegenden, einfach zusammenhängenden Theil unserer Fläche ins Auge, welcher die Eigenschaft hat, dass in keinem seiner Punkte der Ausdruck $A^2 + B^2 + C^2$ verschwindet. Dem Werthepaar p, q entspreche ein im Innern dieses Gebietes liegender Flächenpunkt.

Setzen wir mit Gauss:

$$\left(\frac{\partial x}{\partial p}\right)^2 + \left(\frac{\partial y}{\partial p}\right)^2 + \left(\frac{\partial z}{\partial p}\right)^2 = E, \quad \left(\frac{\partial x}{\partial q}\right)^2 + \left(\frac{\partial y}{\partial q}\right)^2 + \left(\frac{\partial z}{\partial q}\right)^2 = G,$$

so besitzt in dem betrachteten Punkt die Curve $p = \text{const.}$ eine Tangente mit den Richtungscosinus $\frac{\frac{\partial x}{\partial q}}{\sqrt{G}}, \frac{\frac{\partial y}{\partial q}}{\sqrt{G}}, \frac{\frac{\partial z}{\partial q}}{\sqrt{G}}$, und die Curve $q = \text{const.}$ eine Tangente mit den Richtungscosinus: $\frac{\frac{\partial x}{\partial p}}{\sqrt{E}}, \frac{\frac{\partial y}{\partial p}}{\sqrt{E}}, \frac{\frac{\partial z}{\partial p}}{\sqrt{E}}$. Hier ist nach dem Obigen der Grösse $\sqrt{E}$ das Vorzeichen von $\frac{\partial z}{\partial p}$, hingegen der Grösse $\sqrt{G}$ das Vorzeichen von $\frac{\partial z}{\partial q}$ beizulegen.

Bilden die positiven Theile der in Rede stehenden Tangenten den Winkel ω mit einander, so wird, wenn:

$$\frac{\partial x}{\partial p}\frac{\partial x}{\partial q}+\frac{\partial y}{\partial p}\frac{\partial y}{\partial q}+\frac{\partial z}{\partial p}\frac{\partial z}{\partial q}=F$$

gesetzt wird,

$$F=\sqrt{E}\sqrt{G}\cos\omega.$$

Hier ist ω ein positiver Winkel, der kleiner ist wie π.

Die Richtungscosinus der Normalen der Fläche im betrachteten Punkt seien X, Y, Z. Dann wird:

$$X=\frac{A}{P},\quad Y=\frac{B}{P},\quad Z=\frac{C}{P},$$

wo P gleich der mit dem Vorzeichen von C genommenen Quadratwurzel aus der Grösse $EG-F^2$ ist. Mit δ_1 bezeichnen wir die positive oder negative Einheit und setzen:

$$P=\delta_1\sqrt{E}\sqrt{G}\sin\omega.$$

Da $\sin\omega$ positiv ist, so wird $\delta_1=\pm 1$, je nachdem $\frac{C}{\sqrt{E}\sqrt{G}}$ positiv oder negativ ist, d. h. je nachdem der positive Theil der zweiten der Geraden $\left(\frac{\frac{\partial x}{\partial p}}{\sqrt{E}}, \frac{\frac{\partial y}{\partial p}}{\sqrt{E}}, \frac{\frac{\partial z}{\partial p}}{\sqrt{E}}\right)$, $\left(\frac{\frac{\partial x}{\partial q}}{\sqrt{G}}, \frac{\frac{\partial y}{\partial q}}{\sqrt{G}}, \frac{\frac{\partial z}{\partial q}}{\sqrt{G}}\right)$, (X, Y, Z) zur Linken oder zur Rechten eines auf dem Punkt (x, y, z) stehenden Beobachters liegt, welcher von einem Punkt des positiven Theils der dritten Geraden nach dem positiven Theil der ersten Geraden hinsieht, oder kürzer ausgedrückt, je nachdem die drei Geraden im positiven oder negativen Sinn auf einander folgen.

Wir setzen ferner:

$$\left(\frac{\partial X}{\partial p}\right)^2+\left(\frac{\partial Y}{\partial p}\right)^2+\left(\frac{\partial Z}{\partial p}\right)^2=L,\quad \left(\frac{\partial X}{\partial q}\right)^2+\left(\frac{\partial Y}{\partial q}\right)^2+\left(\frac{\partial Z}{\partial q}\right)^2=N.$$

Die positiven Theile der beiden Geraden:

$$\left(\frac{\frac{\partial X}{\partial p}}{\sqrt{L}}, \frac{\frac{\partial Y}{\partial p}}{\sqrt{L}}, \frac{\frac{\partial Z}{\partial p}}{\sqrt{L}}\right), \left(\frac{\frac{\partial X}{\partial q}}{\sqrt{N}}, \frac{\frac{\partial Y}{\partial q}}{\sqrt{N}}, \frac{\frac{\partial Z}{\partial q}}{\sqrt{N}}\right)$$

— wo $\sqrt{L}$ das Vorzeichen von $\frac{\partial Z}{\partial p}$, $\sqrt{N}$ dasjenige von $\frac{\partial Z}{\partial q}$ hat — mögen den Winkel $\overline{\varphi}$ einschliessen. Ist dann:

$$\frac{\partial X}{\partial p}\frac{\partial X}{\partial q}+\frac{\partial Y}{\partial p}\frac{\partial Y}{\partial q}+\frac{\partial Z}{\partial p}\frac{\partial Z}{\partial q}=M, \text{ so wird}$$

$M=\sqrt{L}\sqrt{N}\cos\overline{\varphi}$, wo $\overline{\varphi}$ wieder positiv und kleiner als π ist.

Aus der Gleichung $X^2+Y^2+Z^2=1$ ergibt sich:

$$X\frac{\partial X}{\partial p}+Y\frac{\partial Y}{\partial p}+Z\frac{\partial Z}{\partial p}=0,$$

$$X\frac{\partial X}{\partial q}+Y\frac{\partial Y}{\partial q}+Z\frac{\partial Z}{\partial q}=0.$$

In Folge dessen wird jede der drei Determinanten

$$\left(\frac{\partial Y}{\partial p}\frac{\partial Z}{\partial q}-\frac{\partial Y}{\partial q}\frac{\partial Z}{\partial p}\right),\ \left(\frac{\partial Z}{\partial p}\frac{\partial X}{\partial q}-\frac{\partial Z}{\partial q}\frac{\partial X}{\partial p}\right),\ \left(\frac{\partial X}{\partial p}\frac{\partial Y}{\partial q}-\frac{\partial X}{\partial q}\frac{\partial Y}{\partial p}\right)$$

und damit $LN-M^2$ für jedes Werthepaar p, q d. h. identisch verschwinden, sobald eine derselben diese Eigenschaft hat. Nun ist $\frac{LN-M^2}{EG-F^2}$ das Quadrat des zum betrachteten Flächenpunkt gehörenden Krümmungsmasses. Verschwindet daher $LN-M^2$ identisch, so haben wir es mit einer abwickelbaren Fläche zu thun. Nach Ausschliessung dieses Falles wird:

$$X=\frac{\frac{\partial Y}{\partial p}\frac{\partial Z}{\partial q}-\frac{\partial Y}{\partial q}\frac{\partial Z}{\partial p}}{Q},\quad Y=\frac{\frac{\partial Z}{\partial p}\frac{\partial X}{\partial q}-\frac{\partial Z}{\partial q}\frac{\partial X}{\partial p}}{Q},\quad Z=\frac{\frac{\partial X}{\partial p}\frac{\partial Y}{\partial q}-\frac{\partial X}{\partial q}\frac{\partial Y}{\partial p}}{Q},$$

wo $Q=\sqrt{LN-M^2}$ ist, die Wurzel mit dem Vorzeichen von

$$\frac{\partial X}{\partial p}\frac{\partial Y}{\partial q}-\frac{\partial X}{\partial q}\frac{\partial Y}{\partial p}$$

genommen. Bezeichnen wir mit δ_2 die positive oder negative Einheit, so soll $Q=\delta_2\sqrt{L}\sqrt{N}\sin\overline{\varphi}$ sein. Hier wird $\delta_2=\pm 1$, je nachdem $\frac{\frac{\partial X}{\partial p}\frac{\partial Y}{\partial q}-\frac{\partial X}{\partial q}\frac{\partial Y}{\partial p}}{\sqrt{L}\sqrt{N}}$ positiv oder negativ ist, d. h. je nachdem die drei Geraden $\left(\frac{\frac{\partial X}{\partial p}}{\sqrt{L}}, \frac{\frac{\partial Y}{\partial p}}{\sqrt{L}}, \frac{\frac{\partial Z}{\partial p}}{\sqrt{L}}\right)$, $\left(\frac{\frac{\partial X}{\partial q}}{\sqrt{N}}, \frac{\frac{\partial Y}{\partial q}}{\sqrt{N}}, \frac{\frac{\partial Z}{\partial q}}{\sqrt{N}}\right)$, (X, Y, Z) im positiven Sinne auf einander folgen oder nicht.

Endlich setzen wir:

$$\frac{\partial X}{\partial p}\frac{\partial x}{\partial p}+\frac{\partial Y}{\partial p}\frac{\partial y}{\partial p}+\frac{\partial Z}{\partial p}\frac{\partial z}{\partial p}=-\left(X\frac{\partial^2 x}{\partial p^2}+Y\frac{\partial^2 y}{\partial p^2}+Z\frac{\partial^2 z}{\partial p^2}\right)=-\Theta,$$

$$\frac{\partial X}{\partial p}\frac{\partial x}{\partial q}+\frac{\partial Y}{\partial p}\frac{\partial y}{\partial q}+\frac{\partial Z}{\partial p}\frac{\partial z}{\partial q}=\frac{\partial X}{\partial q}\frac{\partial x}{\partial p}+\frac{\partial Y}{\partial q}\frac{\partial y}{\partial p}+\frac{\partial Z}{\partial q}\frac{\partial z}{\partial p}$$

$$=X\frac{\partial^2 x}{\partial p\,\partial q}+Y\frac{\partial^2 y}{\partial p\,\partial q}+Z\frac{\partial^2 z}{\partial p\,\partial q}=-\Theta',$$

$$\frac{\partial X}{\partial q}\frac{\partial x}{\partial q}+\frac{\partial Y}{\partial q}\frac{\partial y}{\partial q}+\frac{\partial Z}{\partial q}\frac{\partial z}{\partial q}=X\frac{\partial^2 x}{\partial q^2}+Y\frac{\partial^2 y}{\partial q^2}+Z\frac{\partial^2 z}{\partial q^2}=-\Theta'',$$

so dass die Grössen Θ, Θ', Θ'' mit den Gauss'schen Grössen D, D', D'' durch die Gleichungen

$$\Theta=\frac{D}{P},\quad \Theta'=\frac{D'}{P},\quad \Theta''=\frac{D''}{P}$$

verbunden sind.

§ 2.

Betrachten wir die zum Flächenpunkt (x, y, z) gehörende Normale als durch ihn in einen positiven und negativen Theil zerlegt, so wird der Krümmungshalbmesser ϱ irgend eines Normalschnitts als die Abscisse des zu diesem Normalschnitt gehörenden Krümmungsmitttelpunkts anzusehen sein.

Dann ergibt sich für ϱ die Gleichung:

$$\varrho=\frac{E dp^2+2F dp\,dq+G dq^2}{\Theta dp^2+2\Theta' dp\,dq+\Theta'' dq^2}=-\frac{dx^2+dy^2+dz^2}{dX dx+dY dy+dZ dz}. \tag{1}$$

Dass dieselbe in der That ein positives oder negatives ϱ liefert, je nachdem der zugehörige Krümmungsmittelpunkt im positiven oder negativen Theil der Normale liegt, kann man so einsehen. Nimmt man an, dass die Normale parallel der z-Axe sei, so wird:

$$\varrho=\frac{E dp^2+2F dp\,dq+G dq^2}{d^2 z}.$$

Nun ist $d^2 z \gtrless 0$, je nachdem der zugehörige Krümmungsmittelpunkt im positiven oder negativen Theil der Normale liegt, ϱ hat aber das Vorzeichen von $d^2 z$, daher ist das Behauptete erwiesen.

Die beiden, wie wir annehmen, von einander verschiedenen, Hauptkrümmungshalbmesser nennen wir ϱ_1 und ϱ_2 und betrachten ϱ_1 als den grösseren von beiden. Diese Werthe von ϱ sind die Wurzeln der Gleichung:

$$(\Theta\Theta''-\Theta'^2)\varrho^2-(G\Theta+E\Theta''-2F\Theta')\varrho+EG-F^2=0. \tag{2}$$

Das Verhältniss $\frac{dq}{dp}$ bezeichnen wir mit t; zu ϱ_1 gehöre der Werth

t_1 von t, zu ϱ_2 der Werth t_2 von t. Dabei sind t_1 und t_2 die Wurzeln der Gleichung:

$$(F\Theta'' - G\Theta')t^2 - (G\Theta - E\Theta'')t + E\Theta' - \Theta F = 0, \qquad 3)$$

und es fragt sich, welche Wurzel man für t_1, und welche Wurzel man für t_2 zu setzen habe.

Es sei zunächst $F\Theta'' - G\Theta' = 0$, so dass die Curven $p = \text{const.}$ Krümmungslinien sind. Dann haben die beiden Hauptkrümmungshalbmesser die Werthe:

$$\frac{G}{\Theta''} \text{ und } \frac{E\Theta'' - F\Theta'}{\Theta\Theta'' - \Theta'^2}.$$

Man hat nun $t_1 = \infty$ oder $t_1 = \dfrac{E\Theta' - \Theta F}{G\Theta - E\Theta''}$ zu nehmen, je nachdem:

$$\frac{G}{\Theta''} \gtrless \frac{E\Theta'' - F\Theta'}{\Theta\Theta'' - \Theta'^2}.$$

Ist aber $F\Theta'' - G\Theta'$ von Null verschieden, so betrachten wir die zweite Ableitung $\dfrac{d^2\varrho}{dt^2}$ für $t = t_1$. Man erhält:

$$\left(\frac{d^2\varrho}{dt^2}\right)_{t=t_1} = \frac{-2(F\Theta'' - G\Theta')(t_1 - t_2)}{(\Theta + 2\Theta' t_1 + \Theta'' t_1^2)^2}.$$

Hier sind nun zwei Fälle zu unterscheiden. Wenn die Grössen ϱ_1 und ϱ_2 dasselbe Vorzeichen besitzen, wenn also das Krümmungsmass $\varkappa$ positiv ist, so liegen die Krümmungshalbmesser aller Normalschnitte innerhalb der endlichen Grenzen ϱ_1 und ϱ_2, und $\left(\dfrac{d^2\varrho}{dt^2}\right)_{t=t_1}$ muss negativ ausfallen. Dann ist:

$$t_1 \gtrless t_2, \text{ je nachdem } F\Theta'' - G\Theta' \gtrless 0 \text{ ist.}$$

Besitzen aber die Grössen ϱ_1 und ϱ_2 verschiedene Vorzeichen, ist also das Krümmungsmass negativ, so sind reelle Asymptotenlinien vorhanden; die Krümmungshalbmesser sämmtlicher Normalschnitte liegen ausserhalb der Grenzen ϱ_1 und ϱ_2, und jetzt nimmt obige zweite Ableitung einen positiven Werth an.

In diesem Fall ist:

$$t_1 \gtrless t_2, \text{ je nachdem } F\Theta'' - G\Theta' \lessgtr 0 \text{ ist.}$$

Beide Fälle sind nun in der Ungleichheit:

$$t_1 \gtrless t_2, \text{ je nachdem } \varkappa\,(F\Theta'' - G\Theta') \gtrless 0$$

zusammengefasst, so dass man für t_1 die grössere oder die kleinere der beiden Wurzeln von 3) zu setzen hat, je nachdem $\varkappa(F\Theta'' - G\Theta') \gtrless 0$ ist.

Unter der Voraussetzung: $F\Theta'' - G\Theta' \gtrless 0$ ergeben sich nun die Beziehungen:

$$t_1 + t_2 = \frac{G\Theta - E\Theta''}{F\Theta'' - G\Theta'}, \quad t_1\, t_2 = \frac{E\Theta' - \Theta F}{F\Theta'' - G\Theta'},$$

aus welchen folgt:

$$\left.\begin{aligned} &E + F(t_1 + t_2) \quad + G t_1 t_2 = 0, \\ &\Theta + \Theta'(t_1 + t_2) \quad + \Theta'' t_1 t_2 = 0, \\ &E + 2Ft_1 + Gt_1^2 = (t_1 - t_2)(F + Gt_1), \\ &E + 2Ft_2 + Gt_2^2 = (t_2 - t_1)(F + Gt_2), \\ &(F + Gt_1)(F + Gt_2) = -P^2. \end{aligned}\right\} \quad 4)$$

Zwischen den Grössen ϱ_1, ϱ_2, t_1 und t_2 bestehen die Gleichungen:

$$\left.\begin{aligned} \varrho_1 &= \frac{E + Ft_1}{\Theta + \Theta' t_1} = \frac{F + Gt_1}{\Theta' + \Theta'' t_1}, \quad \varrho_2 = \frac{E + Ft_2}{\Theta + \Theta' t_2} = \frac{F + Gt_2}{\Theta' + \Theta'' t_2}, \\ t_1 &= \frac{E - \varrho_1 \Theta}{\Theta' \varrho_1 - F} = \frac{F - \varrho_1 \Theta'}{\Theta'' \varrho_1 - G}, \quad t_2 = \frac{E - \varrho_2 \Theta}{\varrho_2 \Theta' - F} = \frac{F - \varrho_2 \Theta'}{\varrho_2 \Theta'' - G}. \end{aligned}\right\} \quad 5)$$

Die Richtungscosinus der Tangente der zu ϱ_1 gehörenden Krümmungslinie nennen wir A_1, B_1, C_1, die Richtungscosinus der Tangente der zu ϱ_2 gehörenden A_2, B_2, C_2. Setzen wir noch zur Abkürzung:

$$E + 2Ft_1 + Gt_1^2 = U_1^2,$$
$$E + 2Ft_2 + Gt_2^2 = U_2^2, \text{ so wird:}$$

$$\left.\begin{aligned} A_1 &= \frac{\frac{\partial x}{\partial p} + \frac{\partial x}{\partial q} t_1}{U_1}, \quad B_1 = \frac{\frac{\partial y}{\partial p} + \frac{\partial y}{\partial q} t_1}{U_1}, \quad C_1 = \frac{\frac{\partial z}{\partial p} + \frac{\partial z}{\partial q} t_1}{U_1}, \\ A_2 &= \frac{\frac{\partial x}{\partial p} + \frac{\partial x}{\partial q} t_2}{U_2}, \quad B_2 = \frac{\frac{\partial y}{\partial p} + \frac{\partial y}{\partial q} t_2}{U_2}, \quad C_2 = \frac{\frac{\partial z}{\partial p} + \frac{\partial z}{\partial q} t_2}{U_2}. \end{aligned}\right\} \quad 6)$$

Hier ist der Grösse U_1 das Vorzeichen von $\frac{\partial z}{\partial p} + \frac{\partial z}{\partial q} t_1$, hingegen der Grösse U_2 das Vorzeichen von $\frac{\partial z}{\partial p} + \frac{\partial z}{\partial q} t_2$ beizulegen.

Die beiden Gleichungen:

$$A_1 X + B_1 Y + C_1 Z = 0,$$
$$A_2 X + B_2 Y + C_2 Z = 0$$

liefern die Beziehungen:

$$X = \delta_3 (B_2 C_1 - B_1 C_2), \; Y = \delta_3 (C_2 A_1 - C_1 A_2), \; Z = \delta_3 (A_2 B_1 - A_1 B_2). \quad 7)$$

Hier ist $\delta_3 = \pm 1$, je nachdem $A_2 B_1 - A_1 B_2 \gtrless 0$ ist.

Die quadratischen Formen von dp und dq, welche den Zähler und Nenner des Ausdrucks für ϱ bilden, mögen für den Augenblick mit m und n bezeichnet werden. Bedeutet s eine willkürliche Grösse, so verschwindet die Determinante der quadratischen Form $sn - m$ für $s = \varrho_1$ und $s = \varrho_2$. Hierdurch wird man veranlasst einen Satz anzuwenden, welchen Herr Weierstrass im Monatsbericht der Berliner Akademie vom 4. März 1858 für beliebig viele Variable bewiesen hat. Nach demselben kann man m in der Form $\varrho_1 \vartheta_1 + \varrho_2 \vartheta_2$, hingegen n in der Form $\vartheta_1 + \vartheta_2$ darstellen, wo die Grössen ϑ_1 und ϑ_2 die Quadrate linearer Funktionen von dp und dq sind. Nimmt man:

$$\left.\begin{aligned} \vartheta_1 &= \frac{(E - \varrho_2 \Theta)\, dp^2 + 2(F - \varrho_2 \Theta')\, dp\, dq + (G - \varrho_2 \Theta'')\, dq^2}{\varrho_1 - \varrho_2}, \\ \vartheta_2 &= \frac{(E - \varrho_1 \Theta)\, dp^2 + 2(F - \varrho_1 \Theta')\, dp\, dq + (G - \varrho_1 \Theta'')\, dq^2}{\varrho_2 - \varrho_1}, \end{aligned}\right\} \quad 8)$$

so wird:

$$\varrho = \frac{\varrho_1 \vartheta_1 + \varrho_2 \vartheta_2}{\vartheta_1 + \vartheta_2}, \qquad 9)$$

wobei aus der Gleichung 2) erhellt, dass ϑ_1 und ϑ_2 in der That Quadrate linearer Functionen von dp und dq sind. Diese Functionen lassen sich in einfacher Weise darstellen, wenn man den im nächsten Paragraphen einzuführenden *Stellungswinkel* benutzt.

§. 3.

Wir definiren zwei Winkel σ und φ durch die Gleichungen:

$$\left.\begin{aligned} \cos\sigma &= \frac{A_1 \frac{\partial X}{\partial p} + B_1 \frac{\partial Y}{\partial p} + C_1 \frac{\partial Z}{\partial p}}{\sqrt{L}}, \quad \cos(\sigma - \varphi) = \frac{A_1 \frac{\partial X}{\partial q} + B_1 \frac{\partial Y}{\partial q} + C_1 \frac{\partial Z}{\partial q}}{\sqrt{N}}, \\ \sin\sigma &= \frac{A_2 \frac{\partial X}{\partial p} + B_2 \frac{\partial Y}{\partial p} + C_2 \frac{\partial Z}{\partial p}}{\sqrt{L}}, \quad \sin(\sigma - \varphi) = -\frac{A_2 \frac{\partial X}{\partial q} + B_2 \frac{\partial Y}{\partial q} + C_2 \frac{\partial Z}{\partial q}}{\sqrt{N}}. \end{aligned}\right\} \quad 1)$$

Um den geometrischen Sachverhalt einfacher darlegen zu können, bezeichnen wir den positiven Theil der Geraden $\left(\frac{\frac{\partial X}{\partial p}}{\sqrt{L}}, \frac{\frac{\partial Y}{\partial p}}{\sqrt{L}}, \frac{\frac{\partial Z}{\partial p}}{\sqrt{L}}\right)$ mit 1, den positiven Theil der Geraden $\left(\frac{\frac{\partial X}{\partial q}}{\sqrt{N}}, \frac{\frac{\partial Y}{\partial q}}{\sqrt{N}}, \frac{\frac{\partial Z}{\partial q}}{\sqrt{N}}\right)$ mit 2, den positiven Theil der Geraden (A_1, B_1, C_1) mit 3, und den positiven Theil der Geraden (A_2, B_2, C_2) mit 4. Dann stellt der absolute Werth von σ die Grösse des Winkels zwischen 1 und 3 dar; σ selbst ist positiv oder negativ, je nachdem der Winkel zwischen 1 und 4 kleiner (gleich) oder grösser als $\frac{\pi}{2}$ ist.

Um den Werth von φ kennen zu lernen, betrachten wir das System:

$$A_1 \frac{\partial X}{\partial p} + B_1 \frac{\partial Y}{\partial p} + C_1 \frac{\partial Z}{\partial p} = \sqrt{L} \cos \sigma,$$

$$A_2 \frac{\partial X}{\partial p} + B_2 \frac{\partial Y}{\partial p} + C_2 \frac{\partial Z}{\partial p} = \sqrt{L} \sin \sigma,$$

$$X \frac{\partial X}{\partial p} + Y \frac{\partial Y}{\partial p} + Z \frac{\partial Z}{\partial p} = 0,$$

aus welchem folgt:

$$\left.\begin{aligned} \frac{\partial X}{\partial p} &= \sqrt{L}\,(A_1 \cos \sigma + A_2 \sin \sigma), \\ \frac{\partial Y}{\partial p} &= \sqrt{L}\,(B_1 \cos \sigma + B_2 \sin \sigma), \\ \frac{\partial Z}{\partial p} &= \sqrt{L}\,(C_1 \cos \sigma + C_2 \sin \sigma). \end{aligned}\right\} \qquad 2)$$

Ebenso folgt aus den Gleichungen:

$$A_1 \frac{\partial X}{\partial q} + B_1 \frac{\partial Y}{\partial q} + C_1 \frac{\partial Z}{\partial q} = \sqrt{N} \cos (\sigma - \varphi),$$

$$A_2 \frac{\partial X}{\partial q} + B_2 \frac{\partial Y}{\partial q} + C_2 \frac{\partial Z}{\partial q} = \sqrt{N} \sin (\sigma - \varphi),$$

$$X \frac{\partial X}{\partial q} + Y \frac{\partial Y}{\partial q} + Z \frac{\partial Z}{\partial q} = 0,$$

das System:

$$\left.\begin{aligned} \frac{\partial X}{\partial q} &= \sqrt{N}\Big(A_1 \cos (\sigma - \varphi) + A_2 \sin (\sigma - \varphi)\Big), \\ \frac{\partial Y}{\partial q} &= \sqrt{N}\Big(B_1 \cos (\sigma - \varphi) + B_2 \sin (\sigma - \varphi)\Big), \\ \frac{\partial Z}{\partial q} &= \sqrt{N}\Big(C_1 \cos (\sigma - \varphi) + C_2 \sin (\sigma - \varphi)\Big). \end{aligned}\right\} \qquad 3)$$

Aus 2) und 3) erhält man aber:

$$\frac{\partial X}{\partial p}\frac{\partial X}{\partial q} + \frac{\partial Y}{\partial p}\frac{\partial Y}{\partial q} + \frac{\partial Z}{\partial p}\frac{\partial Z}{\partial q} = \sqrt{L}\,\sqrt{N} \cos \varphi. \qquad 4)$$

Daher ist $\cos \varphi = \cos \bar{\varphi}$.

Bildet man ferner mit Hülfe von 1) den Ausdruck:

$$\sin \sigma \cos (\sigma - \varphi) - \cos \sigma \sin (\sigma - \varphi),$$

so entsteht: $\sin \varphi = \delta_2 \delta_3 \sin \bar{\varphi}$. Man hat somit:

$$\varphi = \delta_2 \delta_3 \bar{\bar{\varphi}}.$$

Sobald nun das Vorzeichen von φ oder der Werth von δ_3 bekannt ist, bestimmt die Grösse σ die Stellung der Tangenten der Hauptkrümmungslinien und soll desshalb nach dem Vorgang des Herrn Lipschitz „*Stellungswinkel*" genannt werden.

Die beigefügten Tabellen erläutern den geometrischen Sachverhalt in jedem einzelnen Falle. Der Einfachheit halber lasse man den Coordinatenanfangspunkt mit dem Punkte (x, y, z) zusammenfallen. Ist dann $Z = 1$, so denken wir einen Beobachter, durch dessen Körper der positive Theil der z-Axe geht, auf dem Punkt (x, y, z) stehend. Die vier Geraden 1, 2, 3, 4 in der xy-Ebene sollen dann in der Aufeinanderfolge von rechts nach links betrachtet werden, wenn der Beobachter einen Punkt der positiven y-Axe fixirt. Ist aber Z von 1 verschieden, so denken wir wieder einen Beobachter auf dem Punkt (x, y, z) stehend, lassen jetzt aber den positiven Theil der Geraden (X, Y, Z) durch seinen Körper hindurchgehen. Dann sollen die Geraden 1, 2, 3, 4 ebenfalls in der Reihenfolge von rechts nach links betrachtet werden, wenn der Beobachter einen Punkt der positiven z-Axe fixirt. Bedeuten α, β, γ, δ die vier Zahlen 1, 2, 3, 4 in irgend einer Reihenfolge, so wollen wir durch „$\alpha\ \beta\ \gamma\ \delta$" anzeigen, dass in dem dargelegten Sinne β auf α, γ auf β, δ auf γ folgt.

Die Tabelle I bezieht sich auf die Fälle, in welchen alle vier Geraden 1, 2, 3, 4 von einander verschieden sind. Die Tabelle II stellt die Fälle dar, in welchen zwei der Geraden in eine zusammenfallen. Die Nummern der zusammenfallenden Geraden sind oben durch einen Bogen verbunden. Die Tabelle III endlich enthält die Fälle, in denen die vier Geraden nur durch zwei Richtungen vertreten werden.

I						II				
	δ_2	δ_3	φ				δ_2	δ_3	σ	
1243	1	1	+	$\sigma > \frac{\pi}{2}$	$\sigma - \varphi > \frac{\pi}{2}$	$\widehat{14}23$	1	1	$\frac{\pi}{2}$	$0 < \varphi < \frac{\pi}{2}$
1423	1	1	+	$\sigma > \frac{\pi}{2}$	$0 < \sigma - \varphi < \frac{\pi}{2}$	$\widehat{14}32$	1	1	$\frac{\pi}{2}$	$\varphi > \frac{\pi}{2}$
1432	1	1	+	$\sigma > \frac{\pi}{2}$	$-\frac{\pi}{2} < \sigma - \varphi < 0$	$2\widehat{14}3$	−1	1	$\frac{\pi}{2}$	$-\frac{\pi}{2} < \varphi < 0$
2314	−1	−1	+	$0 < \sigma < \frac{\pi}{2}$	$-\frac{\pi}{2} < \sigma - \varphi < 0$	$23\widehat{14}$	−1	−1	$\frac{\pi}{2}$	$\varphi > \frac{\pi}{2}$
2341	−1	−1	+	$\sigma > \frac{\pi}{2}$	$-\frac{\pi}{2} < \sigma - \varphi < 0$	$32\widehat{14}$	−1	−1	$\frac{\pi}{2}$	$0 < \varphi < \frac{\pi}{2}$
4123	1	1	+	$0 < \sigma < \frac{\pi}{2}$	$0 < \sigma - \varphi < \frac{\pi}{2}$	$3\widehat{14}2$	1	−1	$\frac{\pi}{2}$	$-\frac{\pi}{2} < \varphi < 0$
4132	1	1	+	$0 < \sigma < \frac{\pi}{2}$	$-\frac{\pi}{2} < \sigma - \varphi < 0$	$\widehat{13}24$	1	−1	0	$-\frac{\pi}{2} < \varphi < 0$
3214	−1	−1	+	$0 < \sigma < \frac{\pi}{2}$	$0 < \sigma - \varphi < \frac{\pi}{2}$	$\widehat{13}42$	1	−1	0	$\varphi < -\frac{\pi}{2}$
3241	−1	−1	+	$\sigma > \frac{\pi}{2}$	$0 < \sigma - \varphi < \frac{\pi}{2}$	$2\widehat{13}4$	−1	−1	0	$0 < \varphi < \frac{\pi}{2}$
3421	−1	−1	+	$\sigma > \frac{\pi}{2}$	$\sigma - \varphi > \frac{\pi}{2}$	$24\widehat{13}$	−1	1	0	$\varphi < -\frac{\pi}{2}$
2143	−1	1	−	$\sigma > \frac{\pi}{2}$	$\sigma - \varphi > \frac{\pi}{2}$	$4\widehat{13}2$	1	1	0	$0 < \varphi < \frac{\pi}{2}$
2413	−1	1	−	$0 < \sigma < \frac{\pi}{2}$	$\sigma - \varphi > \frac{\pi}{2}$	$42\widehat{13}$	−1	1	0	$-\frac{\pi}{2} < \varphi < 0$
4213	−1	1	−	$0 < \sigma < \frac{\pi}{2}$	$0 < \sigma - \varphi < \frac{\pi}{2}$	$1\widehat{24}3$	1	1	$\varphi + \frac{\pi}{2}$	$0 < \varphi < \frac{\pi}{2}$
3124	1	−1	−	$0 < \sigma < \frac{\pi}{2}$	$0 < \sigma - \varphi < \frac{\pi}{2}$	$13\widehat{24}$	1	−1	$\varphi + \frac{\pi}{2}$	$\varphi < -\frac{\pi}{2}$
3142	1	−1	−	$0 < \sigma < \frac{\pi}{2}$	$\sigma - \varphi > \frac{\pi}{2}$	$\widehat{24}13$	−1	1	$\varphi + \frac{\pi}{2}$	$-\frac{\pi}{2} < \varphi < 0$
3412	1	−1	−	$\sigma > \frac{\pi}{2}$	$\sigma - \varphi > \frac{\pi}{2}$	$\widehat{24}31$	−1	1	$\varphi + \frac{\pi}{2}$	$\varphi < -\frac{\pi}{2}$
2134	−1	−1	+	$-\frac{\pi}{2} < \sigma < 0$	$-\frac{\pi}{2} < \sigma - \varphi < 0$	$31\widehat{24}$	1	−1	$\varphi + \frac{\pi}{2}$	$-\frac{\pi}{2} < \varphi < 0$
4312	1	1	+	$-\frac{\pi}{2} < \sigma < 0$	$-\frac{\pi}{2} < \sigma - \varphi < 0$	$3\widehat{24}1$	−1	−1	$\varphi + \frac{\pi}{2}$	$0 < \varphi < \frac{\pi}{2}$
1234	1	−1	−	$-\frac{\pi}{2} < \sigma < 0$	$-\frac{\pi}{2} < \sigma - \varphi < 0$	$1\widehat{23}4$	1	−1	φ	$-\frac{\pi}{2} < \varphi < 0$
1324	1	−1	−	$-\frac{\pi}{2} < \sigma < 0$	$0 < \sigma - \varphi < \frac{\pi}{2}$	$14\widehat{23}$	1	1	φ	$\varphi > \frac{\pi}{2}$
1342	1	−1	−	$-\frac{\pi}{2} < \sigma < 0$	$\sigma - \varphi > \frac{\pi}{2}$	$\widehat{23}14$	−1	−1	φ	$0 < \varphi < \frac{\pi}{2}$
2431	−1	1	−	$-\frac{\pi}{2} < \sigma < 0$	$\sigma - \varphi > \frac{\pi}{2}$	$\widehat{23}41$	−1	−1	φ	$\varphi > \frac{\pi}{2}$
4231	−1	1	−	$-\frac{\pi}{2} < \sigma < 0$	$0 < \sigma - \varphi < \frac{\pi}{2}$	$41\widehat{23}$	1	1	φ	$0 < \varphi < \frac{\pi}{2}$
4321	−1	1	−	$-\frac{\pi}{2} < \sigma < 0$	$-\frac{\pi}{2} < \sigma - \varphi < 0$	$4\widehat{2\,3}1$	−1	+1	φ	$-\frac{\pi}{2} < \varphi < 0$

III					III				
	δ_2	δ_3	σ	φ		δ_2	δ_3	σ	φ
$\widehat{14}\,\widehat{23}$	1	1	$\frac{\pi}{2}$	$\frac{\pi}{2}$	$\widehat{13}\,\widehat{24}$	1	−1	0	$-\frac{\pi}{2}$
$\widehat{23}\,\widehat{14}$	−1	−1	$\frac{\pi}{2}$	$\frac{\pi}{2}$	$\widehat{24}\,\widehat{13}$	−1	1	0	$-\frac{\pi}{2}$

Gehen wir nun zur Darstellung der Quadrate ϑ_1' und ϑ_2 über. Unter Benutzung der Gleichungen 6) § 2 erhält man aus den Gleichungen 1) dieses Paragraphen die Beziehungen:

$$\left.\begin{aligned} \sqrt{L}\cos\sigma &= -\frac{\Theta+\Theta' t_1}{U_1}, & \sqrt{L}\sin\sigma &= -\frac{\Theta+\Theta' t_2}{U_2}, \\ \sqrt{N}\cos(\sigma-\varphi) &= -\frac{\Theta'+\Theta'' t_1}{U_1}, & \sqrt{N}\sin(\sigma-\varphi) &= -\frac{\Theta'+\Theta'' t_2}{U_2}. \end{aligned}\right\} \quad 5)$$

Mit Hülfe der Gleichungen 4) und 5) § 2 ergiebt sich hieraus zunächst:

$$\left.\begin{aligned} L\cos^2\sigma &= \frac{(\Theta+\Theta' t_1)^2}{(t_1-t_2)(F+G t_1)}, & N\cos^2(\sigma-\varphi) &= \frac{(\Theta'+\Theta'' t_1)^2}{(t_1-t_2)(F+G t_1)}, \\ L\sin^2\sigma &= \frac{(\Theta+\Theta' t_2)^2}{(t_2-t_1)(F+G t_2)}, & N\sin^2(\sigma-\varphi) &= \frac{(\Theta'+\Theta'' t_2)^2}{(t_2-t_1)(F+G t_2)}, \end{aligned}\right\} \quad 6)$$

sodann:

$$\left.\begin{aligned} L\cos^2\sigma &= \frac{(E-\varrho_2\Theta)}{\varrho_1(\varrho_1-\varrho_2)}, & N\cos^2(\sigma-\varphi) &= \frac{G-\varrho_2\Theta''}{\varrho_1(\varrho_1-\varrho_2)}, \\ L\sin^2\sigma &= \frac{E-\varrho_1\Theta}{\varrho_2(\varrho_2-\varrho_1)}, & N\sin^2(\sigma-\varphi) &= \frac{G-\varrho_1\Theta''}{\varrho_2(\varrho_2-\varrho_1)}. \end{aligned}\right\} \quad 7)$$

In Folge dessen erhält man nach 8) § 2 für ϑ_1 und ϑ_2 die Ausdrücke:

$$\left.\begin{aligned} \vartheta_1 &= \varrho_1\,(\sqrt{L}\cos\sigma\,dp + \sqrt{N}\cos(\sigma-\varphi)\,dq)^2, \\ \vartheta_2 &= \varrho_2\,(\sqrt{L}\sin\sigma\,dp + \sqrt{N}\sin(\sigma-\varphi)\,dq)^2. \end{aligned}\right\} \quad 8)$$

In diesen Ausdrücken legen wir den Grössen $\sqrt{L}$ nnd $\sqrt{N}$ dieselben Vorzeichen bei, wie früher. Es muss dann gezeigt werden, dass wir uns mit den bisher aufgestellten Formeln in Uebereinstimmung befinden. Da:

$$\begin{aligned} \varrho_1\vartheta_1 + \varrho_2\vartheta_2 &= E\,dp^2 + 2F\,dp\,dq + G\,dq^2, \\ \vartheta_1 + \vartheta_2 &= \Theta\,dp^2 + 2\Theta'\,dp\,dq + \Theta''\,dq^2, \end{aligned}$$

so folgt aus 8):

$$\left.\begin{aligned} E &= L(\varrho_1^2\cos^2\sigma + \varrho_2^2\sin^2\sigma), \\ F &= \sqrt{L}\sqrt{N}(\varrho_1^2\cos\sigma\cos(\sigma-\varphi)+\varrho_2^2\sin\sigma\sin(\sigma-\varphi)), \\ G &= N(\varrho_1^2\cos^2(\sigma-\varphi)+\varrho_2^2\sin^2(\sigma-\varphi)), \\ \Theta &= L(\varrho_1\cos^2\sigma+\varrho_2\sin^2\sigma), \\ \Theta' &= \sqrt{L}\sqrt{N}(\varrho_1\cos\sigma\cos(\sigma-\varphi)+\varrho_2\sin\sigma\sin(\sigma-\varphi)), \\ \Theta'' &= N(\varrho_1\cos^2(\sigma-\varphi)+\varrho_2\sin^2(\sigma-\varphi)). \end{aligned}\right\} \quad 9)$$

Mit Hülfe dieser Formeln nehmen die Werthe von t_1 und t_2 in 5) § 2 die Gestalt an:

$$t_1 = -\frac{\sqrt{L}\ \sin\sigma}{\sqrt{N}\ \sin(\sigma-\varphi)},\quad t_2 = -\frac{\sqrt{L}\ \cos\sigma}{\sqrt{N}\ \cos(\sigma-\varphi)}. \qquad 10)$$

Um nun die Richtigkeit unserer Festsetzungen in Betreff $\sqrt{L}$ und $\sqrt{N}$ einzusehen, kann man etwa die sich aus 5) ergebende Beziehung:

$$\frac{\sqrt{L}\ \cos\sigma}{\sqrt{N}\ \cos(\sigma-\varphi)} = \frac{\Theta + \Theta' t_1}{\Theta' + \Theta'' t_1}$$

benutzen, welche in eine Identität übergeht, falls man rechts die sich aus 9) und 10) ergebenden Werthe von Θ, Θ', Θ'' und t_1 einsetzt.

Die Gleichungen 7), aus welchen sich die Darstellungen 8) von ϑ_1 und ϑ_2 ergaben, wurden erhalten unter der Voraussetzung $F\Theta'' - G\Theta' \gtrless 0$. Es sei jetzt $F\Theta'' - G\Theta' = 0$. Man hat dann zunächst zu untersuchen, ob auch der Ausdruck $E\Theta' - \Theta F$ verschwindet oder nicht. Nehmen wir zuerst an, dass $E\Theta' - \Theta F = 0$ sei. Dann folgt, da $\Theta\Theta'' - \Theta'^2$ von Null verschieden ist, dass sowohl F wie Θ' verschwindet. In diesem Falle hat die Gleichung 2) § 2 die beiden Wurzeln:

$$\frac{E}{\Theta} \text{ und } \frac{G}{\Theta''},$$

so dass sowohl die Curven $p = \text{const.}$, wie die Curven $q = \text{const.}$ Krümmungslinien sind. Ist nun:

$$\varrho_1 = \frac{E}{\Theta},\quad \varrho_2 = \frac{G}{\Theta''},$$

so fallen die Curven $q = \text{const.}$ mit den zu ϱ_1 gehörenden, die Curven $p = \text{const.}$ mit den zu ϱ_2 gehörenden Krümmungslinien zusammen. Dann wird:

$$A_1 = \frac{\frac{\partial x}{\partial p}}{\sqrt{E}},\quad B_1 = \frac{\frac{\partial y}{\partial p}}{\sqrt{E}},\quad C_1 = \frac{\frac{\partial z}{\partial p}}{\sqrt{E}},$$

$$A_2 = \frac{\frac{\partial x}{\partial q}}{\sqrt{G}},\quad B_2 = \frac{\frac{\partial y}{\partial q}}{\sqrt{G}},\quad C_2 = \frac{\frac{\partial z}{\partial q}}{\sqrt{G}},$$

aus 1) erhält man:

$$\sqrt{L}\ \cos\sigma = \frac{-\Theta}{\sqrt{E}},\quad \sqrt{N}\ \cos(\sigma-\varphi) = 0,$$

$$\sqrt{L}\ \sin\sigma = 0,\quad \sqrt{N}\ \sin(\sigma-\varphi) = \frac{-\Theta''}{\sqrt{G}},$$

und man sieht leicht, dass die Gleichungen 7) erfüllt sind.

Ist aber:

$$\varrho_1 = \frac{G}{\Theta''},\ \varrho_2 = \frac{E}{\Theta},$$

so fallen die Curven $p=$ const. mit den zu ϱ_1, die Curven $q=$ const. mit den zu ϱ_2 gehörenden Krümmungslinien zusammen, und es wird:

$$A_1 = \frac{\frac{\partial x}{\partial q}}{\sqrt{G}},\ B_1 = \frac{\frac{\partial y}{\partial q}}{\sqrt{G}},\ C_1 = \frac{\frac{\partial z}{\partial q}}{\sqrt{G}},$$

$$A_2 = \frac{\frac{\partial x}{\partial p}}{\sqrt{E}},\ B_2 = \frac{\frac{\partial y}{\partial p}}{\sqrt{E}},\ C_2 = \frac{\frac{\partial z}{\partial p}}{\sqrt{E}}.$$

Dann folgt aus 1):

$$\sqrt{L}\cos\sigma = 0,\ \sqrt{N}\cos(\sigma-\varphi) = \frac{-\Theta''}{\sqrt{G}},$$

$$\sqrt{L}\sin\sigma = \frac{-\Theta}{\sqrt{E}},\ \sqrt{N}\sin(\sigma-\varphi) = 0,$$

und die Gleichungen 7) sind wiederum erfüllt.

Nehmen wir zweitens an, dass der Ausdruck $E\Theta' - \Theta F$ von Null verschieden sei. Dann kann Θ' nicht verschwinden; denn wäre $\Theta' = 0$, so folgte aus der Gleichung $F\Theta'' - G\Theta' = 0$, da $\Theta\Theta'' - \Theta'^2$ von Null verschieden ist, auch $F = 0$, was mit der Voraussetzung $E\Theta' - \Theta F \gtrless 0$ im Widerspruch steht. Es kann daher nur eine der beiden Curvenschaaren $p=$ const., $q=$ const. die Eigenschaft haben, von Krümmungslinien der Fläche gebildet zu werden.

Die Gleichung 2) § 2 hat jetzt die beiden Wurzeln:

$$\frac{G}{\Theta''} \text{ und } \frac{E\Theta'' - \Theta' F}{\Theta\Theta'' - \Theta'^2}.$$

Ist nun:

$$\varrho_1 = \frac{G}{\Theta''},\ \varrho_2 = \frac{E\Theta'' - \Theta' F}{\Theta\Theta'' - \Theta'^2},$$

so fallen die Curven $p=$ const. mit den zu ϱ_1 gehörenden Krümmungslinien zusammen, und man erhält:

$$A_1 = \frac{\frac{\partial x}{\partial q}}{\sqrt{G}},\quad B_1 = \frac{\frac{\partial y}{\partial q}}{\sqrt{G}},\quad C_1 = \frac{\frac{\partial z}{\partial q}}{\sqrt{G}},$$

$$A_2 = \frac{\frac{\partial x}{\partial p} + \frac{\partial x}{\partial q}t_2}{U_2},\ B_2 = \frac{\frac{\partial y}{\partial p} + \frac{\partial y}{\partial q}t_2}{U_2},\ C_2 = \frac{\frac{\partial z}{\partial p} + \frac{\partial z}{\partial q}t_2}{U_2},$$

wo $t_2 = \frac{E\Theta' - \Theta F}{G\Theta - E\Theta''} = \frac{-\Theta'}{\Theta''}$, und $U_2^2 = \frac{E\Theta'' - F\Theta'}{\Theta''}$ ist.

Alsdann folgt:

$$L\cos^2\sigma = \frac{\Theta'^2}{G},\ N\cos^2(\sigma - \varphi) = \frac{\Theta''^2}{G},$$

$$L\sin^2\sigma = \frac{(\Theta\Theta'' - \Theta'^2)^2}{(E\Theta'' - F\Theta')\Theta''},\ N\sin^2(\sigma - \varphi) = 0.$$

Aus den Gleichungen:

$$\varrho_2 - \varrho_1 = \frac{E\Theta'' - G\Theta}{\Theta\Theta'' - \Theta'^2} = \frac{\Theta''(E\Theta' - F\Theta)}{\Theta'(\Theta\Theta'' - \Theta'^2)},$$

$$E - \varrho_1\Theta = \frac{E\Theta'' - \Theta G}{\Theta''},\ E - \varrho_2\Theta = \frac{\Theta'(F\Theta - E\Theta')}{\Theta\Theta'' - \Theta'^2},$$

$$G - \varrho_1\Theta'' = 0,\ G - \varrho_2\Theta'' = \frac{\Theta''(G\Theta - E\Theta'')}{\Theta\Theta'' - \Theta'^2}$$

erkennt man nun leicht die Gültigkeit der Gleichungen 7).

Hat man aber:

$$\varrho_1 = \frac{E\Theta'' - F\Theta'}{\Theta\Theta'' - \Theta'^2},\ \varrho_2 = \frac{G}{\Theta''},$$

so fallen die Curven $p = \text{const.}$ mit den zu ϱ_2 gehörenden Krümmungslinien zusammen. Jetzt wird:

$$A_1 = \frac{\frac{\partial x}{\partial p} + \frac{\partial x}{\partial q}t_1}{U_1},\ B_1 = \frac{\frac{\partial y}{\partial p} + \frac{\partial y}{\partial q}t_1}{U_1},\ C_1 = \frac{\frac{\partial z}{\partial p} + \frac{\partial z}{\partial q}t_1}{U_1},$$

$$A_2 = \frac{\frac{\partial x}{\partial q}}{\sqrt{G}},\qquad B_2 = \frac{\frac{\partial y}{\partial q}}{\sqrt{G}},\qquad C_2 = \frac{\frac{\partial z}{\partial q}}{\sqrt{G}},$$

wo nun $t_1 = \frac{-\Theta'}{\Theta''}$ und $U_1^2 = \frac{E\Theta'' - F\Theta'}{\Theta''}$ wird. Dann überzeugt man sich in derselben Weise wie vorhin von dem Bestehen der Gleichungen 7).

§ 4.

Gehen wir nun dazu über, die Differentiale dx, dy, dz auszudrücken durch die Grössen X, Y, Z, ϱ_1, ϱ_2, σ und φ.

Aus den Gleichungen 2) und 3) § 3 ergibt sich:

$$\left.\begin{aligned}
A_1 &= -\frac{\partial X}{\partial p}\frac{\sin(\sigma-\varphi)}{\sqrt{L}\sin\varphi}+\frac{\partial X}{\partial q}\frac{\sin\sigma}{\sqrt{N}\sin\varphi},\\
B_1 &= -\frac{\partial Y}{\partial p}\frac{\sin(\sigma-\varphi)}{\sqrt{L}\sin\varphi}+\frac{\partial Y}{\partial q}\frac{\sin\sigma}{\sqrt{N}\sin\varphi},\\
C_1 &= -\frac{\partial Z}{\partial p}\frac{\sin(\sigma-\varphi)}{\sqrt{L}\sin\varphi}+\frac{\partial Z}{\partial q}\frac{\sin\sigma}{\sqrt{N}\sin\varphi},\\
A_2 &= \quad\frac{\partial X}{\partial p}\frac{\cos(\sigma-\varphi)}{\sqrt{L}\sin\varphi}-\frac{\partial X}{\partial q}\frac{\cos\sigma}{\sqrt{N}\sin\varphi},\\
B_2 &= \quad\frac{\partial Y}{\partial p}\frac{\cos(\sigma-\varphi)}{\sqrt{L}\sin\varphi}-\frac{\partial Y}{\partial q}\frac{\cos\sigma}{\sqrt{N}\sin\varphi},\\
C_2 &= \quad\frac{\partial Z}{\partial p}\frac{\cos(\sigma-\varphi)}{\sqrt{L}\sin\varphi}-\frac{\partial Z}{\partial q}\frac{\cos\sigma}{\sqrt{N}\sin\varphi}.
\end{aligned}\right\}\qquad 1)$$

Unter Benutzung dieser Beziehungen und der Gleichungen 9) § 3 erhält man für dx, dy, dz das lineare System:

$$\left.\begin{aligned}
&X\,dx+Y\,dy+Z\,dz=0,\\
&A_1dx+B_1dy+C_1dz=-\varrho_1\sqrt{L}\cos\sigma\,dp-\varrho_1\sqrt{N}\cos(\sigma-\varphi)dq,\\
&A_2dx+B_2dy+C_2dz=-\varrho_2\sqrt{L}\sin\sigma\,dp-\varrho_2\sqrt{N}\sin(\sigma-\varphi)dq,
\end{aligned}\right\}\qquad 2)$$

welchem genügt wird durch die Ausdrücke:

$$\left.\begin{aligned}
dx=&-\varrho_1A_1\left(\sqrt{L}\cos\sigma\,dp+\sqrt{N}\cos(\sigma-\varphi)\,dq\right)\\
&-\varrho_2A_2\left(\sqrt{L}\sin\sigma\,dp+\sqrt{N}\sin(\sigma-\varphi)\,dq\right),\\
dy=&-\varrho_1B_1\left(\sqrt{L}\cos\sigma\,dp+\sqrt{N}\cos(\sigma-\varphi)\,dq\right)\\
&-\varrho_2B_2\left(\sqrt{L}\sin\sigma\,dp+\sqrt{N}\sin(\sigma-\varphi)\,dq\right),\\
dz=&-\varrho_1C_1\left(\sqrt{L}\cos\sigma\,dp+\sqrt{N}\cos(\sigma-\varphi)\,dq\right)\\
&-\varrho_2C_2\left(\sqrt{L}\sin\sigma\,dp+\sqrt{N}\sin(\sigma-\varphi)\,dq\right).
\end{aligned}\right\}\qquad 3)$$

Denselben kann man unter Benutzung von 1) die Form geben:

$$\left.\begin{aligned}
dx=&-\left[\frac{\partial X}{\partial p}\left\{\frac{\varrho_1+\varrho_2}{2}-\frac{\varrho_1-\varrho_2}{2}\frac{\sin(2\sigma-\varphi)}{\sin\varphi}\right\}+\frac{\partial X}{\partial q}\frac{\sqrt{L}}{\sqrt{N}}\frac{\varrho_1-\varrho_2}{2}\frac{\sin2\sigma}{\sin\varphi}\right]dp\\
&-\left[-\frac{\partial X}{\partial p}\frac{\varrho_1-\varrho_2}{2}\frac{\sqrt{N}}{\sqrt{L}}\frac{\sin2(\sigma-\varphi)}{\sin\varphi}+\frac{\partial X}{\partial q}\left\{\frac{\varrho_1+\varrho_2}{2}+\frac{\varrho_1-\varrho_2}{2}\frac{\sin(2\sigma-\varphi)}{\sin\varphi}\right\}\right]dq,\\
dy=&-\left[\frac{\partial Y}{\partial p}\left\{\frac{\varrho_1+\varrho_2}{2}-\frac{\varrho_1-\varrho_2}{2}\frac{\sin(2\sigma-\varphi)}{\sin\varphi}\right\}+\frac{\partial Y}{\partial q}\frac{\sqrt{L}}{\sqrt{N}}\frac{\varrho_1-\varrho_2}{2}\frac{\sin2\sigma}{\sin\varphi}\right]dp\\
&-\left[-\frac{\partial Y}{\partial p}\frac{\varrho_1-\varrho_2}{2}\frac{\sqrt{N}}{\sqrt{L}}\frac{\sin2(\sigma-\varphi)}{\sin\varphi}+\frac{\partial Y}{\partial q}\left\{\frac{\varrho_1+\varrho_2}{2}+\frac{\varrho_1-\varrho_2}{2}\frac{\sin(2\sigma-\varphi)}{\sin\varphi}\right\}\right]dq,\\
dz=&-\left[\frac{\partial Z}{\partial p}\left\{\frac{\varrho_1+\varrho_2}{2}-\frac{\varrho_1-\varrho_2}{2}\frac{\sin(2\sigma-\varphi)}{\sin\varphi}\right\}+\frac{\partial Z}{\partial q}\frac{\sqrt{L}}{\sqrt{N}}\frac{\varrho_1-\varrho_2}{2}\frac{\sin2\sigma}{\sin\varphi}\right]dp\\
&-\left[-\frac{\partial Z}{\partial p}\frac{\varrho_1-\varrho_2}{2}\frac{\sqrt{N}}{\sqrt{L}}\frac{\sin2(\sigma-\varphi)}{\sin\varphi}+\frac{\partial Z}{\partial q}\left\{\frac{\varrho_1+\varrho_2}{2}+\frac{\varrho_1-\varrho_2}{2}\frac{\sin(2\sigma-\varphi)}{\sin\varphi}\right\}\right]dq.
\end{aligned}\right\}\qquad 4)$$

Durch die Systeme 3) und 4) ist die im Eingange dieses Paragraphen verlangte Darstellung der Differentiale dx, dy, dz geleistet.

Es empfiehlt sich, hieran die Aufstellung der Integrabilitätsbedingungen dieser Differentiale zu knüpfen. Dabei wird sich zeigen, dass eine dieser Bedingungen eine Folge der beiden anderen ist. Man erhält zunächst unter Benutzung des Systems 3):

$$\left.\begin{aligned}
&A_1\left(\frac{\partial \varrho_1 \sqrt{L}\cos\sigma}{\partial q}-\frac{\partial \varrho_1\sqrt{N}\cos(\sigma-\varphi)}{\partial p}\right)\\
&+A_2\left(\frac{\partial \varrho_2 \sqrt{L}\sin\sigma}{\partial q}-\frac{\partial \varrho_2\sqrt{N}\sin(\sigma-\varphi)}{\partial p}\right)\\
&+\varrho_1\left(\sqrt{L}\cos\sigma\frac{\partial A_1}{\partial q}-\sqrt{N}\cos(\sigma-\varphi)\frac{\partial A_1}{\partial p}\right)\\
&+\varrho_2\left(\sqrt{L}\sin\sigma\frac{\partial A_2}{\partial q}-\sqrt{N}\sin(\sigma-\varphi)\frac{\partial A_2}{\partial p}\right)=0,\\
&B_1\left(\frac{\partial \varrho_1 \sqrt{L}\cos\sigma}{\partial q}-\frac{\partial \varrho_1\sqrt{N}\cos(\sigma-\varphi)}{\partial p}\right)\\
&+B_2\left(\frac{\partial \varrho_2 \sqrt{L}\sin\sigma}{\partial q}-\frac{\partial \varrho_2\sqrt{N}\sin(\sigma-\varphi)}{\partial p}\right)\\
&+\varrho_1\left(\sqrt{L}\cos\sigma\frac{\partial B_1}{\partial q}-\sqrt{N}\cos(\sigma-\varphi)\frac{\partial B_1}{\partial p}\right)\\
&+\varrho_2\left(\sqrt{L}\sin\sigma\frac{\partial B_2}{\partial q}-\sqrt{N}\sin(\sigma-\varphi)\frac{\partial B_2}{\partial p}\right)=0,\\
&C_1\left(\frac{\partial \varrho_1 \sqrt{L}\cos\sigma}{\partial q}-\frac{\partial \varrho_1\sqrt{N}\cos(\sigma-\varphi)}{\partial p}\right)\\
&+C_2\left(\frac{\partial \varrho_2 \sqrt{L}\sin\sigma}{\partial q}-\frac{\partial \varrho_2\sqrt{N}\sin(\sigma-\varphi)}{\partial p}\right)\\
&+\varrho_1\left(\sqrt{L}\cos\sigma\frac{\partial C_1}{\partial q}-\sqrt{N}\cos(\sigma-\varphi)\frac{\partial C_1}{\partial p}\right)\\
&+\varrho_2\left(\sqrt{L}\sin\sigma\frac{\partial C_2}{\partial q}-\sqrt{N}\sin(\sigma-\varphi)\frac{\partial C_2}{\partial p}\right)=0.
\end{aligned}\right\} \quad 5)$$

Um die Darstellung zu vereinfachen, führen wir, unter F eine beliebige Function verstehend, folgende Bezeichnung ein:

$$\begin{aligned}
&\Sigma F(x, y, z, X, Y, Z, A_1, B_1; C_1, A_2, B_2, C_2)\\
&=F(x, y, z, X, Y, Z, A_1, B_1, C_1, A_2, B_2, C_2)\\
&+F(y, z, x, Y, Z, X, B_1, C_1, A_1, B_2, C_2, A_2)\\
&+F(z, x, y, Z, X, Y, C_1, A_1, B_1, C_2, A_2, B_2).
\end{aligned}$$

Multiplicirt man nun die Gleichungen 5) der Reihe nach mit X, Y, Z, und addirt sie, so entsteht:

$$\left.\begin{aligned}\varrho_1\left(\sqrt{L}\cos\sigma\Sigma X\frac{\partial A_1}{\partial q}-\sqrt{N}\cos(\sigma-\varphi)\Sigma X\frac{\partial A_1}{\partial p}\right)\\+\varrho_2\left(\sqrt{L}\sin\sigma\Sigma X\frac{\partial A_2}{\partial q}-\sqrt{N}\sin(\sigma-\varphi)\Sigma X\frac{\partial A_2}{\partial p}\right)=0.\end{aligned}\right\}\quad 6)$$

Aus den Beziehungen: $\Sigma XA_1=\Sigma XA_2=0$ ergibt sich:

$$\left.\begin{aligned}\Sigma X\frac{\partial A_1}{\partial q}=-\Sigma A_1\frac{\partial X}{\partial q},\ \Sigma X\frac{\partial A_1}{\partial p}=-\Sigma A_1\frac{\partial X}{\partial p},\\\Sigma X\frac{\partial A_2}{\partial q}=-\Sigma A_2\frac{\partial X}{\partial q},\ \Sigma X\frac{\partial A_2}{\partial p}=-\Sigma A_2\frac{\partial X}{\partial p}.\end{aligned}\right\}\quad 7)$$

Die Gleichungen 1) aber liefern:

$$\left.\begin{aligned}SA_1\frac{\partial X}{\partial q}=\sqrt{N}\cos(\sigma-\varphi),\ SA_1\frac{\partial X}{\partial p}=\sqrt{L}\cos\sigma,\\SA_2\frac{\partial X}{\partial q}=\sqrt{N}\sin(\sigma-\varphi),\ SA_2\frac{\partial X}{\partial p}=\sqrt{L}\sin\sigma.\end{aligned}\right\}\quad 8)$$

In Folge dessen ist die Gleichung 6) identisch erfüllt.

Die Beziehungen 5) sind daher gleichbedeutend mit zwei von einander unabhängigen Gleichungen, welche man erhält, wenn man jene der Reihe nach mit A_1, B_1, C_1, dann mit A_2, B_2, C_2 multiplicirt und jedesmal addirt. Auf diese Weise entsteht:

$$\left.\begin{aligned}\frac{\partial\varrho_1\sqrt{L}\cos\sigma}{\partial q}-\frac{\partial\varrho_1\sqrt{N}\cos(\sigma-\varphi)}{\partial p}\\+\varrho_2\left(\sqrt{L}\sin\sigma\Sigma A_1\frac{\partial A_2}{\partial q}-\sqrt{N}\sin(\sigma-\varphi)\Sigma A_1\frac{\partial A_2}{\partial p}\right)=0,\\\frac{\partial\varrho_2\sqrt{L}\sin\sigma}{\partial q}-\frac{\partial\varrho_2\sqrt{N}\sin(\sigma-\varphi)}{\partial p}\\-\varrho_1\left(\sqrt{L}\cos\sigma\Sigma A_1\frac{\partial A_2}{\partial q}-\sqrt{N}\cos(\sigma-\varphi)\Sigma A_1\frac{\partial A_2}{\partial p}\right)=0.\end{aligned}\right\}\quad 9)$$

Multiplicirt man die zweite dieser Gleichungen mit i und addirt sie zur ersten, so ergibt sich:

$$\left.\begin{aligned}&\frac{\partial\sqrt{L}\left(\varrho_1+\varrho_2+(\varrho_1-\varrho_2)e^{-2i\sigma}\right)e^{i\sigma}}{\partial q}\\&-i\left(\varrho_1+\varrho_2+(\varrho_1-\varrho_2)e^{-2i\sigma}\right)e^{i\sigma}\sqrt{L}\Sigma A_1\frac{\partial A_2}{\partial q}\\&=\frac{\partial\sqrt{N}\left(\varrho_1+\varrho_2+(\varrho_1-\varrho_2)e^{-2i(\sigma-\varphi)}\right)e^{i(\sigma-\varphi)}}{\partial p}\\&-i\left(\varrho_1+\varrho_2+(\varrho_1-\varrho_2)e^{-2i(\sigma-\varphi)}\right)e^{i(\sigma-\varphi)}\sqrt{N}\Sigma A_1\frac{\partial A_2}{\partial p}.\end{aligned}\right\}\quad 10)$$

Es bleiben noch die beiden Ausdrücke $\Sigma A_1 \frac{\partial A_2}{\partial p}$ und $\Sigma A_1 \frac{\partial A_2}{\partial q}$ umzuformen. Aus 1) ergibt sich:

$$\Sigma A_1 \frac{\partial A_2}{\partial q} = \frac{\cos\sigma \sin(\sigma-\varphi)}{\sin^2\varphi} \Sigma \frac{\frac{\partial X}{\partial p}}{\sqrt{L}} \frac{\partial}{\partial q} \frac{\frac{\partial X}{\partial q}}{\sqrt{N}} + \frac{\sin\sigma \cos(\sigma-\varphi)}{\sin^2\varphi} \Sigma \frac{\frac{\partial X}{\partial q}}{\sqrt{N}} \frac{\partial}{\partial q} \frac{\frac{\partial X}{\partial p}}{\sqrt{L}}$$
$$+ \cos\sigma \frac{\partial}{\partial q} \frac{\cos(\sigma-\varphi)}{\sin\varphi} - \cos(\sigma-\varphi) \frac{\partial}{\partial q} \frac{\cos\sigma}{\sin\varphi}.$$

Nun ist:

$$\Sigma \frac{\frac{\partial X}{\partial p}}{\sqrt{L}} \frac{\partial}{\partial q} \frac{\frac{\partial X}{\partial q}}{\sqrt{N}} = -\sin\varphi \frac{\partial \varphi}{\partial q} - \Sigma \frac{\frac{\partial X}{\partial q}}{\sqrt{N}} \frac{\partial}{\partial q} \frac{\frac{\partial X}{\partial p}}{\sqrt{L}}$$
$$= -\sin\varphi \frac{\partial\varphi}{\partial q} - \frac{\frac{\partial\sqrt{N}}{\partial p} - \cos\varphi \frac{\partial\sqrt{L}}{\partial q}}{\sqrt{L}},$$

daher:

$$\Sigma A_1 \frac{\partial A_2}{\partial q} = \frac{\partial\sigma}{\partial q} + \frac{\frac{\partial\sqrt{N}}{\partial p} - \cos\varphi \frac{\partial\sqrt{L}}{\partial q}}{\sqrt{L}\sin\varphi}.$$

In derselben Weise ergibt sich unter Benutzung der Relation:

$$\Sigma \frac{\frac{\partial X}{\partial q}}{\sqrt{N}} \frac{\partial}{\partial p} \frac{\frac{\partial X}{\partial p}}{\sqrt{L}} = -\sin\varphi \frac{\partial \varphi}{\partial p} - \Sigma \frac{\frac{\partial X}{\partial p}}{\sqrt{L}} \frac{\partial}{\partial p} \frac{\frac{\partial X}{\partial q}}{\sqrt{N}}$$
$$= -\sin\varphi \frac{\partial\varphi}{\partial p} - \frac{\frac{\partial\sqrt{L}}{\partial q} - \cos\varphi \frac{\partial\sqrt{N}}{\partial p}}{\sqrt{N}}$$

die Gleichung:

$$\Sigma A_1 \frac{\partial A_2}{\partial p} = \frac{\partial(\sigma-\varphi)}{\partial p} - \frac{\frac{\partial\sqrt{L}}{\partial q} - \cos\varphi \frac{\partial\sqrt{N}}{\partial p}}{\sqrt{N}\sin\varphi}.$$

An die Stelle von 10) tritt nun das Resultat:

$$\left.\begin{aligned}
&\frac{\partial\sqrt{L}\left(\varrho_1+\varrho_2+(\varrho_1-\varrho_2)e^{-2i\sigma}\right)}{\partial q} \\
&-i\frac{\varrho_1+\varrho_2+(\varrho_1-\varrho_2)e^{-2i\sigma}}{\sin\varphi}\left(\frac{\partial\sqrt{N}}{\partial p} - \cos\varphi\frac{\partial\sqrt{L}}{\partial q}\right) = \\
&e^{-i\varphi}\left\{\frac{\partial\sqrt{N}\left(\varrho_1+\varrho_2+(\varrho_1-\varrho_2)e^{-2i(\sigma-\varphi)}\right)}{\partial p}\right. \\
&\left.+i\frac{\varrho_1+\varrho_2+(\varrho_1-\varrho_2)e^{-2i(\sigma-\varphi)}}{\sin\varphi}\left(\frac{\partial\sqrt{L}}{\partial q} - \cos\varphi\frac{\partial\sqrt{N}}{\partial p}\right)\right\}.
\end{aligned}\right\} \quad 11)$$

Diese mit der imaginären Einheit i gebildete Gleichung umfasst sämmtliche Integrabilitätsbedingungen der Differentiale dx, dy, dz.

§ 5.

Setzen wir nun unsere Resultate in Verbindung mit denen des Herrn Lipschitz. In diesen[1]) wird:

$$X = \cos p,\ Y = \sin p \cos q,\ Z = \sin p \sin q$$

genommen, sodass sich ergibt:

$$L = 1,\ M = 0,\ N = \sin^2 p,\ \bar{\varphi} = \frac{\pi}{2},$$

$$\frac{\partial Z}{\partial p} = \cos p \sin q,\ \frac{\partial Z}{\partial q} = \sin p \cos q,\ \frac{\partial X}{\partial p}\frac{\partial Y}{\partial q} - \frac{\partial X}{\partial q}\frac{\partial Y}{\partial p} = \sin^2 p \sin q.$$

Da nach unseren Bestimmungen Z positiv ausfallen muss, so liegen die Winkel p und q zwischen 0 und π. Danach hat man vier Hauptfälle zu unterscheiden, und jedem derselben entsprechen, je nachdem $\varphi = \pm \bar{\varphi}$ ist, zwei Unterfälle.

I. $0 < p < \frac{\pi}{2},\ 0 < q < \frac{\pi}{2}.$

Hier wird: $\sqrt{L} = 1,\ \sqrt{N} = \sin p,\ \delta_2 = 1.$

1) $\varphi = \frac{\pi}{2},\ \delta_3 = 1.$ Es ergiebt sich:

$$A_1 + iA_2 = e^{i\sigma}(-\sin p)$$
$$B_1 + iB_2 = e^{i\sigma}(\cos p \cos q + i \sin q)$$
$$C_1 + iC_2 = e^{i\sigma}(\cos p \sin q - i \cos q).$$

Die Gleichungen 4) des § 4 werden:

$$\left.\begin{aligned}
-dx &= -\left(\frac{\varrho_1+\varrho_2}{2} + \frac{\varrho_1-\varrho_2}{2}\cos 2\sigma\right)\sin p\, dp - \frac{\varrho_1-\varrho_2}{2}\sin 2\sigma \sin^2 p\, dq \\
-dy &= \left\{\left(\frac{\varrho_1+\varrho_2}{2} + \frac{\varrho_1-\varrho_2}{2}\cos 2\sigma\right)\cos p \cos q - \frac{\varrho_1-\varrho_2}{2}\sin 2\sigma \sin q\right\}dp \\
&\quad + \left\{\frac{\varrho_1-\varrho_2}{2}\sin 2\sigma \cos p \cos q - \left(\frac{\varrho_1+\varrho_2}{2} - \frac{\varrho_1-\varrho_2}{2}\cos 2\sigma\right)\sin q\right\}\sin p\, dq \\
-dz &= \left\{\left(\frac{\varrho_1+\varrho_2}{2} + \frac{\varrho_1-\varrho_2}{2}\cos 2\sigma\right)\cos p \sin q + \frac{\varrho_1-\varrho_2}{2}\sin 2\sigma \cos q\right\}dp \\
&\quad + \left\{\frac{\varrho_1-\varrho_2}{2}\sin 2\sigma \cos p \sin q + \left(\frac{\varrho_1+\varrho_2}{2} - \frac{\varrho_1-\varrho_2}{2}\cos 2\sigma\right)\cos q\right\}\sin p\, dq
\end{aligned}\right\} 1)$$

---

1) Sitzungsbericht der Berliner Akademie vom 8. Februar 1882.

und die Gleichung 11) § 4 nimmt die Gestalt an:

$$\left.\begin{aligned}&\frac{\partial\left\{\varrho_1+\varrho_2+(\varrho_1-\varrho_2)e^{-2i\sigma}\right\}}{\partial q}-i\left(\varrho_1+\varrho_2+(\varrho_1-\varrho_2)e^{-2i\sigma}\right)\cos p\\&\quad=-i\,\frac{\partial\left\{\varrho_1+\varrho_2-(\varrho_1-\varrho_2)e^{-2i\sigma}\right\}\sin p}{\partial p}\,.\end{aligned}\right\}\quad 2)$$

2) $\varphi=-\frac{\pi}{2}$, $\delta_3=-1$.

Hier wird:

$$\begin{aligned}A_1+iA_2&=e^{i\sigma}\left(-\sin p\right)\\B_1+iB_2&=e^{i\sigma}\left(\cos p\cos q-i\sin q\right)\\C_1+iC_2&=e^{i\sigma}\left(\cos p\sin q+i\cos q\right).\end{aligned}$$

An Stelle der Gleichungen 4) § 4 erhält man:

$$\left.\begin{aligned}-dx&=-\left(\frac{\varrho_1+\varrho_2}{2}+\frac{\varrho_1-\varrho_2}{2}\cos 2\sigma\right)\sin p\,dp+\frac{\varrho_1-\varrho_2}{2}\sin 2\sigma\sin^2 p\,dq\\-dy&=\left\{\left(\frac{\varrho_1+\varrho_2}{2}+\frac{\varrho_1-\varrho_2}{2}\cos 2\sigma\right)\cos p\cos q+\frac{\varrho_1-\varrho_2}{2}\sin 2\sigma\sin q\right\}dp\\&\quad+\left\{-\frac{\varrho_1-\varrho_2}{2}\sin 2\sigma\cos p\cos q-\left(\frac{\varrho_1+\varrho_2}{2}-\frac{\varrho_1-\varrho_2}{2}\cos 2\sigma\right)\sin q\right\}\sin p\,dq\\-dz&=\left\{\left(\frac{\varrho_1+\varrho_2}{2}+\frac{\varrho_1-\varrho_2}{2}\cos 2\sigma\right)\cos p\sin q-\frac{\varrho_1-\varrho_2}{2}\sin 2\sigma\cos q\right\}dp\\&\quad+\left\{-\frac{\varrho_1-\varrho_2}{2}\sin 2\sigma\cos p\sin q+\left(\frac{\varrho_1+\varrho_2}{2}-\frac{\varrho_1-\varrho_2}{2}\cos 2\sigma\right)\cos q\right\}\sin p\,dq\end{aligned}\right\}\quad 3)$$

und anstatt 11) § 4 entsteht:

$$\left.\begin{aligned}&\frac{\partial\left\{\varrho_1+\varrho_2+(\varrho_1-\varrho_2)e^{-2i\sigma}\right\}}{\partial q}+i\left(\varrho_1+\varrho_2+(\varrho_1-\varrho_2)e^{-2i\sigma}\right)\cos p\\&\quad=i\,\frac{\partial\left\{\varrho_1+\varrho_2-(\varrho_1-\varrho_2)e^{-2i\sigma}\right\}\sin p}{\partial p}\,.\end{aligned}\right\}\quad 4)$$

II. $0<p<\frac{\pi}{2}$; $\frac{\pi}{2}<q<\pi$, woraus folgt:

$\sqrt{L}=1$, $\sqrt{N}=-\sin p$, $\delta_2=-1$.

1) $\varphi=\frac{\pi}{2}$, $\delta_3=-1$.

Hier wird:

$$\begin{aligned}A_1+iA_2&=e^{i\sigma}\left(-\sin p\right)\\B_1+iB_2&=e^{i\sigma}\left(\cos p\cos q-i\sin q\right)\\C_1+iC_2&=e^{i\sigma}\left(\cos p\sin q+i\cos q\right).\end{aligned}$$

Die Differentiale dx, dy, dz genügen jetzt den Gleichungen 3), ihre Integrabilitätsbedingungen werden durch 4) dargestellt.

2) $\varphi = -\frac{\pi}{2}$, $\delta_3 = 1$.

Hier wird:

$$A_1 + iA_2 = e^{i\sigma}(-\sin p)$$
$$B_1 + iB_2 = e^{i\sigma}(\cos p \cos q + i \sin q)$$
$$C_1 + iC_2 = e^{i\sigma}(\cos p \sin q - i \cos q),$$

und es gelten die Gleichungen 1) und 2).

III. $\frac{\pi}{2} < p < \pi$; $0 < q < \frac{\pi}{2}$. Es wird:

$\sqrt{L} = -1$, $\sqrt{N} = \sin p$, $\delta_2 = -1$.

1) $\varphi = \frac{\pi}{2}$, $\delta_3 = -1$.

Man erhält:

$$A_1 + iA_2 = e^{i\sigma} \sin p$$
$$B_1 + iB_2 = e^{i\sigma}(-\cos p \cos q + i \sin q)$$
$$C_1 + iC_2 = e^{i\sigma}(-\cos p \sin q - i \cos q),$$

und es gelten die Gleichungen 3) und 4).

2) $\varphi = -\frac{\pi}{2}$, $\delta_3 = 1$.

Es folgt:

$$A_1 + iA_2 = e^{i\sigma} \sin p$$
$$B_1 + iB_2 = e^{i\sigma}(-\cos p \cos q - i \sin q)$$
$$C_1 + iC_2 = e^{i\sigma}(-\cos p \sin q + i \cos q),$$

und es bestehen die Gleichungen 1) und 2).

IV. $\frac{\pi}{2} < p < \pi$, $\frac{\pi}{2} < q < \pi$.

Man hat hier zu setzen: $\sqrt{L} = -1$, $\sqrt{N} = -\sin p$, $\delta_2 = 1$.

1) $\varphi = \frac{\pi}{2}$, $\delta_3 = 1$.

Es wird:

$$A_1 + iA_2 = e^{i\sigma} \sin p$$
$$B_1 + iB_2 = e^{i\sigma}(-\cos p \cos q - i \sin q)$$
$$C_1 + iC_2 = e^{i\sigma}(-\cos p \sin q + i \cos q),$$

und es besteht 1) und 2).

2) $\varphi = -\frac{\pi}{2}$, $\delta_3 = -1$.

Man hat jetzt:

$$A_1 + iA_2 = e^{i\sigma} \sin p$$
$$B_1 + iB_2 = e^{i\sigma} (-\cos p \cos q + i \sin q)$$
$$C_1 + iC_2 = e^{i\sigma} (-\cos p \sin q + i \cos q),$$

und es gelten die Gleichungen 3) und 4).

Durch die Curven $p = \text{const.}$ und $q = \text{const.}$ wird die Einheitskugel, deren Gleichung: $X^2 + Y^2 + Z^2 = 1$ ist, mit zwei Systemen von Kreisen überzogen. p bedeutet die Poldistanz, q die geographische Länge, wobei der Pol derjenige Punkt ist, in welchem der positive Theil der x-Axe die Kugeloberfläche trifft. Die Geraden $\left(\frac{\frac{\partial X}{\partial p}}{\sqrt{L}}, \frac{\frac{\partial Y}{\partial p}}{\sqrt{L}}, \frac{\frac{\partial Z}{\partial p}}{\sqrt{L}}\right)$ sind daher sämmtlich Tangenten an grösste Kreise, deren Ebenen durch die x-Axe gehen, somit ist die Gerade $\left(\frac{\frac{\partial X}{\partial p}}{\sqrt{L}}, \frac{\frac{\partial Y}{\partial p}}{\sqrt{L}}, \frac{\frac{\partial Z}{\partial p}}{\sqrt{L}}\right)$ auf dem Flächenelement der Durchschnitt desselben mit einer Ebene, welche zugleich die Normale des Flächenelements und die Richtung der x-Axe enthält. Den positiven Theil dieser Geraden bezeichnen wir wie früher mit 1, den positiven Theil der auf ihr senkrechten Geraden $\left(\frac{\frac{\partial X}{\partial q}}{\sqrt{N}}, \frac{\frac{\partial Y}{\partial q}}{\sqrt{N}}, \frac{\frac{\partial Z}{\partial q}}{\sqrt{N}}\right)$ mit 2, und die positiven Theile der Geraden (A_1, B_1, C_1) und (A_2, B_2, C_2) bezüglich mit 3 und 4. Folgende Tabelle, welche wie die frühere eingerichtet ist, gibt alsdann die Lage unserer 4 Geraden in jedem der betrachteten 8 Fälle an.

		σ	φ	δ_2	δ_3		
I. 1)	1423	+	+	1	1	$\sigma > \frac{\pi}{2}$	IV. 1)
I. 1)	4132	+	+	1	1	$\sigma < \frac{\pi}{2}$	IV. 1)
I. 2)	3142	+	—	1	-1	$\sigma < \frac{\pi}{2}$	IV. 2)
I. 2)	1324	—	—	1	-1	$-\frac{\pi}{2} < \sigma$	IV. 2)
II. 1)	2314	+	+	-1	-1	$\sigma < \frac{\pi}{2}$	III. 1)
II. 1)	3241	+	+	-1	-1	$\sigma > \frac{\pi}{2}$	III. 1)
II. 2)	2413	+	—	-1	1	$\sigma < \frac{\pi}{2}$	III. 2)
II. 2)	4231	—	—	-1	1	$-\frac{\pi}{2} < \sigma$	III. 2)

Herr **Lipschitz** setzt $-\varrho_1$ und $-\varrho_2$ da, wo wir ϱ_1 und ϱ_2 geschrieben haben und benutzt nur die Gleichungen 3) und 4). Nimmt man aber in den Gleichungen 1) und 2) $-\sigma$ statt σ, so gehen die Beziehungen 1) in 3) über, und 2) wird in den conjugirten Ausdruck von 4) verwandelt, welcher bekanntlich mit 4) besteht. Wir sehen somit, dass 3) und 4) formell in jedem Falle ausreichend sind.

§ 6.

Wenn die Coordinaten x, y, z einer nicht abwickelbaren Fläche als Functionen von p und q gegeben sind, so gelten, wie wir sahen, die Darstellungen 3) und 4) und die Gleichung 11) § 4.

Es seien jetzt umgekehrt die Richtungscosinus X, Y, Z einer Geraden, ferner die Grössen ϱ_1, ϱ_2, σ und das Vorzeichen von φ (oder auch δ_3) gegeben, jedoch so, dass $LN-M^2$ von Null verschieden ist, und dass die nach 1) § 4 gebildeten Ausdrücke C_1 und C_2 positive Werthe erhalten. Endlich sei noch $\varrho_1 > \varrho_2$.

Fasst man die gegebenen Functionen X, Y, Z, ϱ_1, ϱ_2, σ und φ in derselben geometrischen Bedeutung auf, wie bisher, so kann man sie als charakteristisch für die einzelnen den Werthepaaren p, q entsprechenden Flächenelemente betrachten. Die Bedingungen nun, unter denen diese Flächenelemente im Raum zu einem Flächenstück zusammengefügt werden können, sind durch die Gleichung 11) § 4 zusammengefasst. Ist diese Gleichung erfüllt, so werden die Coordinaten der zu den gegebenen Stücken gehörenden Fläche durch Integration aus den Ausdrücken 3) § 4 erhalten. Denken wir uns diese Integration ausgeführt. Alsdann muss gezeigt werden, dass die gegebenen Stücke für die erhaltene Fläche (x, y, z) in der That dieselbe geometrische Bedeutung besitzen, wie angenommen wurde.

Zunächst geht aus 3) § 4 hervor, dass die Grössen X, Y, Z die Richtungscosinus der Normalen der Fläche (x, y, z) darstellen.

Die Werthe ϱ'_1, ϱ'_2, σ' und φ' mögen nun in Bezug auf die Fläche (x, y, z) in derselben geometrischen Bedeutung gebraucht werden, wie früher ϱ_1, ϱ_2, σ und φ. Wir haben uns dann von dem Bestehen der Gleichungen:

$$\varrho_1 = \varrho'_1, \; \varrho_2 = \varrho'_2, \; \sigma' = \sigma \text{ und } \varphi = \varphi'$$

zu überzeugen.

Wendet man die Gleichungen 9) § 3 an, so wird:

$$\left.\begin{aligned} \Theta\Theta'' - \Theta'^2 &= LN\varrho_1\varrho_2\sin^2\varphi \\ G\Theta + E\Theta'' - 2F\Theta' &= LN\varrho_1\varrho_2(\varrho_1+\varrho_2)\sin^2\varphi \\ EG - F^2 &= LN\varrho_1^2\varrho_2^2\sin^2\varphi. \end{aligned}\right\} \quad 1)$$

$$\left.\begin{aligned} F\Theta'' - G\Theta' &= -\sqrt{L}\sqrt{N}N\varrho_1\varrho_2(\varrho_1-\varrho_2)\frac{1}{2}\sin 2(\sigma-\varphi)\sin\varphi \\ G\Theta - E\Theta'' &= LN\varrho_1\varrho_2(\varrho_1-\varrho_2)\sin(2\sigma-\varphi)\sin\varphi \\ E\Theta' - \Theta F &= -\sqrt{L}\sqrt{N}L\varrho_1\varrho_2(\varrho_1-\varrho_2)\frac{1}{2}\sin 2\sigma\sin\varphi. \end{aligned}\right\} \quad 2)$$

Bildet man nun mit Hülfe von 1) die Gleichung 2) § 2, so sieht man, dass $\varrho_1 = \varrho'_1$, $\varrho_2 = \varrho'_2$ wird.

Die weitere Rechnung wollen wir nur für den Fall durchführen, dass die Grösse $F\Theta'' - G\Theta'$ von 0 verschieden ist.

Stellt man unter Benutzung von 2) die Gleichung 3) § 2 her, so wird dieselbe durch die beiden Werthe

$$-\frac{\sqrt{L}}{\sqrt{N}}\frac{\sin\sigma}{\sin(\sigma-\varphi)},\ -\frac{\sqrt{L}}{\sqrt{N}}\frac{\cos\sigma}{\cos(\sigma-\varphi)}$$

von t befriedigt. Nach § 2 ist $t_1 \gtrless t_2$, je nachdem $\varkappa(F\Theta'' - G\Theta') \gtrless 0$ ist. Diese Bedingung lässt sich auch so aussprechen, dass $t_1 - t_2$ das Vorzeichen von $\varkappa(F\Theta'' - G\Theta')$ haben muss. Setzt man nun:

$$t_1 = -\frac{\sqrt{L}}{\sqrt{N}}\frac{\sin\sigma}{\sin(\sigma-\varphi)},\ t_2 = -\frac{\sqrt{L}}{\sqrt{N}}\frac{\cos\sigma}{\cos(\sigma-\varphi)},$$

so wird:

$$t_1 - t_2 = -\frac{\sqrt{L}}{\sqrt{N}}\frac{2\sin\varphi}{\sin 2(\sigma-\varphi)},$$

und diese Differenz hat offenbar dasselbe Vorzeichen wie $\varkappa(F\Theta'' - G\Theta')$, da:

$$\varkappa(F\Theta'' - G\Theta') = -\sqrt{L}\sqrt{N}N(\varrho_1-\varrho_2)\frac{1}{2}\sin 2(\sigma-\varphi)\sin\varphi$$

wird, und $\varrho_1 - \varrho_2$ positiv ist.

Unter Benutzung der Gleichungen 9) § 3 und der gefundenen Werthe von t_1 und t_2 erhält man nun:

$$U_1^2 = L\varrho_1^2\frac{\sin^2\varphi}{\sin^2(\sigma-\varphi)},\ U_2^2 = L\varrho_2^2\frac{\sin^2\varphi}{\cos^2(\sigma-\varphi)}.$$

Die Richtungscosinus der Tangente der zu ϱ'_1 gehörenden Krümmungslinie bezeichnen wir mit A'_1, B'_1, C'_1, die Richtungscosinus der Tangente der zu ϱ'_2 gehörenden Krümmungslinie mit A'_2, B'_2, C'_2. ε_1 und ε_2 mögen absolut genommen die Einheit bedeuten. Dann kann:

$$U_1 = \varepsilon_1 \sqrt{L}\, \varrho_1 \frac{\sin \varphi}{\sin (\sigma - \varphi)}, \quad U_2 = \varepsilon_2 \sqrt{L}\, \varrho_2 \frac{\sin \varphi}{\cos (\sigma - \varphi)}$$

gesetzt werden, wenn ε_1 und ε_2 so bestimmt sind, dass C'_1 und C'_2 positiv ausfallen. Unter Benutzung von 6) § 2 und 3) § 4 folgt nun:

$$A'_1 = \varepsilon_1 A_1, \; A'_2 = -\varepsilon_2 A_2,$$
$$B'_1 = \varepsilon_1 B_1, \; B'_2 = -\varepsilon_2 B_2,$$
$$C'_1 = \varepsilon_1 C_1, \; C'_2 = -\varepsilon_2 C_2.$$

Da wir vorausgesetzt haben, dass C_1 und C_2 positiv sind, so ist $\varepsilon_1 = 1$, $\varepsilon_2 = -1$ zu setzen, und es wird:

$$A'_1 = A_1, \; A'_2 = A_2 \text{ u. s. f.}$$

Dann lehren aber die Gleichungen 1) § 3, dass auch $\sigma' = \sigma$, $\varphi' = \varphi$ wird.

§ 7.

Ziehen wir nun aus unseren Entwickelungen einige Folgerungen für die Theorie der krummen Oberflächen. Zuerst mögen die Krümmungslinien betrachtet werden. Setzt man:

$$\sqrt{L} \sin \sigma\, dp + \sqrt{N} \sin (\sigma - \varphi)\, dq = 0, \qquad 1)$$

so werden nach 3) § 4 die Differentiale dx, dy, dz bezüglich proportional den Grössen A_1, B_1, C_1. Daher ist 1) die Differentialgleichung der zu ϱ_1 gehörenden Krümmungslinien. In derselben Weise erkennt man, dass die Beziehung:

$$\sqrt{L} \cos \sigma\, dp + \sqrt{N} \cos (\sigma - \varphi)\, dq = 0 \qquad 2)$$

die Differentialgleichung der zu ϱ_2 gehörenden Krümmungslinien darstellt.

Vergleichen wir nun das den Punkt (x, y, z) umgebende Flächenelement mit dem parallelen Element der Kugelfläche, deren Gleichung: $X^2 + Y^2 + Z^2 = 1$ ist.

Das letztere umgibt den Punkt (X, Y, Z) der Kugel und jedem Werthe von t entspricht eine durch diesen Punkt gehende Tangente der Kugel mit den Richtungscosinus:

$$\frac{\frac{\partial X}{\partial p} + \frac{\partial X}{\partial q} t}{\sqrt{L + 2Mt + Nt^2}}, \quad \frac{\frac{\partial Y}{\partial p} + \frac{\partial Y}{\partial q} t}{\sqrt{L + 2Mt + Nt^2}}, \quad \frac{\frac{\partial Z}{\partial p} + \frac{\partial Z}{\partial q} t}{\sqrt{L + 2Mt + Nt^2}}.$$

Es lässt sich nun zeigen, dass die zu den Werthen t_1 und t_2 von t gehörenden Kugeltangenten und nur diese den entsprechenden Flächentangenten parallel sind. Fragen wir allgemein, wann ein solcher Parallelismus stattfindet, d. h. wann:

$$\frac{\frac{\partial x}{\partial p}+\frac{\partial x}{\partial q}t}{\sqrt{E+2Ft+Gt^2}}=\frac{\frac{\partial X}{\partial p}+\frac{\partial X}{\partial q}t}{\sqrt{L+2Mt+Nt^2}},$$
$$\frac{\frac{\partial y}{\partial p}+\frac{\partial y}{\partial q}t}{\sqrt{E+2Ft+Gt^2}}=\frac{\frac{\partial Y}{\partial p}+\frac{\partial Y}{\partial q}t}{\sqrt{L+2Mt+Nt^2}},$$
$$\frac{\frac{\partial z}{\partial p}+\frac{\partial z}{\partial q}t}{\sqrt{E+2Ft+Gt^2}}=\frac{\frac{\partial Z}{\partial p}+\frac{\partial Z}{\partial q}t}{\sqrt{L+2Mt+Nt^2}} \text{ ist.}$$

Multiplicirt man diese Gleichungen der Reihe nach mit $\frac{\partial x}{\partial p}, \frac{\partial y}{\partial p}, \frac{\partial z}{\partial p}$, dann mit $\frac{\partial x}{\partial q}, \frac{\partial y}{\partial q}, \frac{\partial z}{\partial q}$ und addirt sie jedesmal, so ergeben sich die beiden Beziehungen:

$$\frac{E+Ft}{\sqrt{E+2Ft+Gt^2}}=\frac{-\Theta-\Theta' t}{\sqrt{L+2Mt+Nt^2}},$$
$$\frac{F+Gt}{\sqrt{E+2Ft+Gt^2}}=\frac{-\Theta'-\Theta'' t}{\sqrt{L+2Mt+Nt^2}},$$

so dass die Gleichung entsteht:

$$(E+Ft)(\Theta'+\Theta'' t)=(F+Gt)(\Theta+\Theta' t).$$

Dieselbe stimmt aber mit der Gleichung 3) § 2 überein und besitzt folglich die beiden Wurzeln t_1 und t_2. Man kann daher die Richtungscosinus der Tangenten der Krümmungslinien auch durch folgende Gleichungen darstellen:

$$\left.\begin{aligned}
A_1&=\frac{\frac{\partial X}{\partial p}+\frac{\partial X}{\partial q}t_1}{\sqrt{L+2Mt_1+Nt_1^2}}, & A_2&=\frac{\frac{\partial X}{\partial p}+\frac{\partial X}{\partial q}t_2}{\sqrt{L+2Mt_2+Nt_2^2}},\\
B_1&=\frac{\frac{\partial Y}{\partial p}+\frac{\partial Y}{\partial q}t_1}{\sqrt{L+2Mt_1+Nt_1^2}}, & B_2&=\frac{\frac{\partial Y}{\partial p}+\frac{\partial Y}{\partial q}t_2}{\sqrt{L+2Mt_2+Nt_2^2}},\\
C_1&=\frac{\frac{\partial Z}{\partial p}+\frac{\partial Z}{\partial q}t_1}{\sqrt{L+2Mt_1+Nt_1^2}}, & C_2&=\frac{\frac{\partial Z}{\partial p}+\frac{\partial Z}{\partial q}t_2}{\sqrt{L+2Mt_2+Nt_2^2}}.
\end{aligned}\right\} \quad 3)$$

Betrachten wir nun den Specialfall, in welchem die Curven $p=\text{const.}$ und $q=\text{const.}$ Krümmungslinien sind.

Es falle zunächst die Curve $q=\text{const.}$ mit der zu ϱ_1 gehörenden, die Curve $p=\text{const.}$ mit der zu ϱ_2 gehörenden Krümmungslinie zusammen. Dann wird

$$\sin\sigma=0, \text{ und } \cos(\sigma-\varphi)=0.$$

Nach der eben gemachten Bemerkung fällt die Gerade $\left(\frac{\frac{\partial X}{\partial p}}{\sqrt{L}}, \frac{\frac{\partial Y}{\partial p}}{\sqrt{L}}, \frac{\frac{\partial Z}{\partial p}}{\sqrt{L}}\right)$ mit der Geraden (A_1, B_1, C_1), und die Gerade $\left(\frac{\frac{\partial X}{\partial q}}{\sqrt{N}}, \frac{\frac{\partial Y}{\partial q}}{\sqrt{N}}, \frac{\frac{\partial Z}{\partial q}}{\sqrt{N}}\right)$ mit (A_2, B_2, C_2) zusammen, sodass die Benutzung der Tabelle III § 3 gestattet ist. Diese liefert nun:

$$\sigma = 0, \ \varphi = -\frac{\pi}{2}.$$

Die Gleichungen 9) § 3 gehen dann in die folgenden über:

$$\left.\begin{array}{l} E = L\varrho_1^2, \ F = 0, \ G = N\varrho_2^2, \\ \Theta = L\varrho_1, \ \Theta' = 0, \ \Theta'' = N\varrho_2, \end{array}\right\} \qquad 4)$$

an die Stelle von 4) § 4 treten die Beziehungen[1]):

$$\left.\begin{array}{l} dx = -\varrho_1 \frac{\partial X}{\partial p} dp - \varrho_2 \frac{\partial X}{\partial q} dq \\ dy = -\varrho_1 \frac{\partial Y}{\partial p} dp - \varrho_2 \frac{\partial Y}{\partial q} dq \\ dz = -\varrho_1 \frac{\partial Z}{\partial p} dp - \varrho_2 \frac{\partial Z}{\partial q} dq \end{array}\right\} \qquad 5)$$

und anstatt 11) § 4 erscheint:

$$\frac{\partial \varrho_1 \sqrt{L}}{\partial q} + i\varrho_1 \frac{\partial \sqrt{N}}{\partial p} = i\left\{\frac{\partial \varrho_2 \sqrt{N}}{\partial p} - i\varrho_2 \frac{\partial \sqrt{L}}{\partial q}\right\}. \qquad 6)$$

Setzt man den reellen und imaginären Bestandtheil von 6) für sich gleich Null, so entstehen die beiden Beziehungen:

$$\left.\begin{array}{l} (\varrho_1 - \varrho_2) \frac{\partial \sqrt{L}}{\partial q} + \sqrt{L} \frac{\partial \varrho_1}{\partial q} = 0, \\ (\varrho_1 - \varrho_2) \frac{\partial \sqrt{N}}{\partial p} - \sqrt{N} \frac{\partial \varrho_2}{\partial p} = 0, \end{array}\right\} \qquad 7)$$

oder mit Hülfe von 5)[2]):

$$\left.\begin{array}{l} \left(\frac{1}{\varrho_1} - \frac{1}{\varrho_2}\right) \frac{\partial \sqrt{E}}{\partial q} = \frac{\sqrt{E}}{\varrho_1^2} \frac{\partial \varrho_1}{\partial q}, \\ \left(\frac{1}{\varrho_2} - \frac{1}{\varrho_1}\right) \frac{\partial \sqrt{G}}{\partial p} = \frac{\sqrt{G}}{\varrho_2^2} \frac{\partial \varrho_2}{\partial p}. \end{array}\right\} \qquad 8)$$

Fällt zweitens die Curve $p = \text{const.}$ mit der zu ϱ_1 gehörenden

---

1) Vergl. eine Abhandlung des Herrn Weingarten, Journal für Mathematik Bd. 62, S. 162.

2) Vergl. Enneper, Göttinger gelehrte Nachrichten vom Jahre 1882 S. 90.

Krümmungslinie, die Curve $q = \text{const.}$ aber mit der zu ϱ_2 gehörenden Krümmungslinie zusammen, so wird:

$$\cos\sigma = 0 \text{ und } \sin(\sigma - \varphi) = 0.$$

Jetzt ist die Gerade (A_1, B_1, C_1) mit der Geraden $\left(\frac{\frac{\partial X}{\partial q}}{\sqrt{N}}, \frac{\frac{\partial Y}{\partial q}}{\sqrt{N}}, \frac{\frac{\partial Z}{\partial q}}{\sqrt{N}}\right)$, und die Gerade (A_2, B_2, C_2) mit $\left(\frac{\frac{\partial X}{\partial p}}{\sqrt{L}}, \frac{\frac{\partial Y}{\partial p}}{\sqrt{L}}, \frac{\frac{\partial Z}{\partial p}}{\sqrt{L}}\right)$ identisch.

Danach liefert die Tabelle III § 3:

$$\sigma = \frac{\pi}{2}, \quad \varphi = \frac{\pi}{2}.$$

An Stelle von 9) § 3 erhält man:

$$\left.\begin{aligned} E &= L\varrho_2^2, \; F = 0, \; G = N\varrho_1^2, \\ \Theta &= L\varrho_2, \; \Theta' = 0, \; \Theta'' = N\varrho_1, \end{aligned}\right\} \tag{4a}$$

an Stelle von 4) § 4:

$$\left.\begin{aligned} dx &= -\varrho_2 \frac{\partial X}{\partial p} dp - \varrho_1 \frac{\partial X}{\partial q} dq, \\ dy &= -\varrho_2 \frac{\partial X}{\partial p} dp - \varrho_1 \frac{\partial Y}{\partial q} dq, \\ dz &= -\varrho_2 \frac{\partial Z}{\partial p} dp - \varrho_1 \frac{\partial Z}{\partial q} dq, \end{aligned}\right\} \tag{5a}$$

und an Stelle von 11) § 4:

$$\frac{\partial \varrho_2 \sqrt{L}}{\partial q} - i\varrho_2 \frac{\partial \sqrt{N}}{\partial p} = -i\left\{\frac{\partial \varrho_1 \sqrt{N}}{\partial p} + i\varrho_1 \frac{\partial \sqrt{L}}{\partial q}\right\}. \tag{6a}$$

Man erkennt wie oben, dass diese letzte Beziehung gleichbedeutend ist mit den beiden folgenden:

$$\left.\begin{aligned} (\varrho_2 - \varrho_1)\frac{\partial \sqrt{L}}{\partial q} + \sqrt{L}\,\frac{\partial \varrho_2}{\partial q} &= 0, \\ (\varrho_2 - \varrho_1)\frac{\partial \sqrt{N}}{\partial p} - \sqrt{N}\,\frac{\partial \varrho_1}{\partial p} &= 0, \end{aligned}\right\} \tag{7a}$$

oder mit:

$$\left.\begin{aligned} \left(\frac{1}{\varrho_2} - \frac{1}{\varrho_1}\right)\frac{\partial \sqrt{E}}{\partial q} &= \frac{\sqrt{E}}{\varrho_2^2}\frac{\partial \varrho_2}{\partial q}, \\ \left(\frac{1}{\varrho_1} - \frac{1}{\varrho_2}\right)\frac{\partial \sqrt{G}}{\partial p} &= \frac{\sqrt{G}}{\varrho_1^2}\frac{\partial \varrho_1}{\partial p}. \end{aligned}\right\} \tag{8a}$$

Die Gleichungen 4) und 4a) lehren, dass jedesmal, wenn die Curven $p = \text{const.}$ und $q = \text{const.}$ mit den Krümmungslinien zusammenfallen, sowohl F wie Θ' verschwindet. Dies findet aber auch umgekehrt statt. Man hat dann nach 9) § 3:

$$\varrho_1^2 \cos\sigma \cos(\sigma-\varphi)+\varrho_2^2 \sin\sigma \sin(\sigma-\varphi)=0,$$

$$\varrho_1 \cos\sigma \cos(\sigma-\varphi)+\varrho_2 \sin\sigma \sin(\sigma-\varphi)=0.$$

Die Determinante $\varrho_1\,\varrho_2\,(\varrho_1-\varrho_2)$ dieser Gleichungen verschwindet nur, wenn $\varrho_1=\varrho_2$ ist, d. h. wenn wir es mit einer Kugel zu thun haben. Auf einer solchen ist aber jede Curve als Krümmungslinie zu betrachten.

Schliesst man den Fall der Kugel aus, so wird:

$\cos\sigma\cos(\sigma-\varphi)=0$ und $\sin\sigma\sin(\sigma-\varphi)=0$, d. h. entweder:
$\cos\sigma=\sin(\sigma-\varphi)=0$, oder:
$\sin\sigma=\cos(\sigma-\varphi)=0$.

§ 8.

Wenden wir uns nun zur Betrachtung der Asymptotenlinien. Längs derselben, falls sie reell sind, wird bekanntlich der Krümmungshalbmesser eines Normalschnitts unendlich gross, so dass ihre Differentialgleichung die Form hat:

$$\Theta dp^2+2\Theta' dp\,dq+\Theta'' dq^2=0,$$

oder nach 9) § 3:

$$\left.\begin{aligned}&\varrho_1(\sqrt{L}\cos\sigma\,dp+\sqrt{N}\cos(\sigma-\varphi)\,dq)^2\\&+\varrho_2(\sqrt{L}\sin\sigma\,dp+\sqrt{N}\sin(\sigma-\varphi)\,dq)^2=0.\end{aligned}\right\} \quad 1)$$

Diese Gleichung kann durch reelle Werthe von dp und dq nur dann erfüllt werden, wenn ϱ_1 und ϱ_2 entgegengesetzte Vorzeichen haben, d. h. nach unseren Festsetzungen, wenn ϱ_1 positiv, ϱ_2 aber negativ ist. Die beiden Quadratwurzeln $\sqrt{\varrho_1}$ und $\sqrt{-\varrho_2}$ sollen mit dem positiven Vorzeichen genommen werden. Dann ist die Beziehung 1) gleichbedeutend mit den beiden folgenden:

$$\left.\begin{aligned}&\sqrt{L}(\sqrt{\varrho_1}\cos\sigma-\sqrt{-\varrho_2}\sin\sigma)\,dp\\&+\sqrt{N}(\sqrt{\varrho_1}\cos(\sigma-\varphi)-\sqrt{-\varrho_2}\sin(\sigma-\varphi))\,dq=0,\\&\sqrt{L}(\sqrt{\varrho_1}\cos\sigma+\sqrt{-\varrho_2}\sin\sigma)\,dp\\&+\sqrt{N}(\sqrt{\varrho_1}\cos(\sigma-\varphi)+\sqrt{-\varrho_2}\sin(\sigma-\varphi))\,dq=0.\end{aligned}\right\} \quad 2)$$

Den Werth des Verhältnisses $\frac{dq}{dp}$, welcher der ersten dieser Gleichungen entspricht, wollen wir mit t'_1, hingegen den der zweiten Gleichung in 2) entsprechenden Werth jenes Verhältnisses mit t'_2 bezeichnen. Dann wird:

$$\left.\begin{aligned} t'_1 &= -\frac{\sqrt{L}}{\sqrt{N}}\,\frac{\sqrt{\varrho_1}\cos\sigma - \sqrt{-\varrho_2}\sin\sigma}{\sqrt{\varrho_1}\cos(\sigma-\varphi) - \sqrt{-\varrho_2}\sin(\sigma-\varphi)},\\ t'_2 &= -\frac{\sqrt{L}}{\sqrt{N}}\,\frac{\sqrt{\varrho_1}\cos\sigma + \sqrt{-\varrho_2}\sin\sigma}{\sqrt{\varrho_1}\cos(\sigma-\varphi) + \sqrt{-\varrho_2}\sin(\sigma-\varphi)},\end{aligned}\right\} \quad 3)$$

$$\left.\begin{aligned} E+2Ft'_1+Gt'^2_1 &= \overline{U}^2_1 = \frac{L\varrho_1\varrho_2(\varrho_2-\varrho_1)\sin^2\varphi}{(\sqrt{\varrho_1}\cos(\sigma-\varphi)-\sqrt{-\varrho_2}\sin(\sigma-\varphi))^2},\\ E+2Ft'_2+Gt'^2_2 &= \overline{U}^2_2 = \frac{L\varrho_1\varrho_2(\varrho_2-\varrho_1)\sin^2\varphi}{(\sqrt{\varrho_1}\cos(\sigma-\varphi)+\sqrt{-\varrho_2}\sin(\sigma-\varphi))^2}.\end{aligned}\right\} \quad 4)$$

Den positiven Theil der Tangente der t'_1 entsprechenden Asymptotenlinie wollen wir mit 5, seine Richtungscosinus mit a_1, b_1, c_1 bezeichnen. Ebenso werde der positive Theil der t'_2 entsprechenden Asymptotenlinie durch 6 angedeutet, und seine Richtungscosinus seien a_2, b_2, c_2.

Man hat dann:

$$a_1 = \frac{\frac{\partial x}{\partial p}+\frac{\partial x}{\partial q}t'_1}{\overline{U}_1},\quad b_1 = \frac{\frac{\partial y}{\partial p}+\frac{\partial y}{\partial q}t'_1}{\overline{U}_1},\quad c_1 = \frac{\frac{\partial z}{\partial p}+\frac{\partial z}{\partial q}t'_1}{\overline{U}_1},$$

$$a_2 = \frac{\frac{\partial x}{\partial p}+\frac{\partial x}{\partial q}t'_2}{\overline{U}_2},\quad b_2 = \frac{\frac{\partial y}{\partial p}+\frac{\partial y}{\partial q}t'_2}{\overline{U}_2},\quad c_2 = \frac{\frac{\partial z}{\partial p}+\frac{\partial z}{\partial q}t'_2}{\overline{U}_2}.$$

Setzt man in diesen Formeln für t'_1, t'_2, $\overline{U}_1$, $\overline{U}_2$ die in 3) und 4) befindlichen Werthe, für die partiellen Ableitungen von x, y, z, die sich aus 3) § 4 ergebenden Ausdrücke, so erhält man:

$$\left.\begin{aligned} a_1 &= \frac{A_1\sqrt{\varrho_1}-A_2\sqrt{-\varrho_2}}{\delta_4\sqrt{\varrho_1-\varrho_2}},\; b_1=\frac{B_1\sqrt{\varrho_1}-B_2\sqrt{-\varrho_2}}{\delta_4\sqrt{\varrho_1-\varrho_2}},\; c_1=\frac{C_1\sqrt{\varrho_1}-C_2\sqrt{-\varrho_2}}{\delta_4\sqrt{\varrho_1-\varrho_2}},\\ a_2 &= \frac{A_1\sqrt{\varrho_1}+A_2\sqrt{-\varrho_2}}{\sqrt{\varrho_1-\varrho_2}},\; b_2=\frac{B_1\sqrt{\varrho_1}+B_2\sqrt{-\varrho_2}}{\sqrt{\varrho_1-\varrho_2}},\; c_2=\frac{C_1\sqrt{\varrho_1}+C_2\sqrt{-\varrho_2}}{\sqrt{\varrho_1-\varrho_2}}.\end{aligned}\right\} \quad 5)$$

Hier ist $\sqrt{\varrho_1-\varrho_2}$ positiv zu nehmen; δ_4 ist gleich $+1$ oder -1, je nachdem $C_1\sqrt{\varrho_1}-C_2\sqrt{-\varrho_2} > 0$ oder < 0 ist.

Den Winkel zwischen den positiven Theilen μ und ν zweier Geraden wollen wir mit (μ, ν) bezeichnen, so dass z. B. der Winkel zwischen den positiven Theilen der Geraden (A_1, B_1, C_1) und (a_1, b_1, c_1) mit $(3, 5)$ anzudeuten ist. Danach ergibt sich:

$$\left.\begin{aligned} \cos(3,5) &= \frac{\sqrt{\varrho_1}}{\delta_4\sqrt{\varrho_1-\varrho_2}}, \quad \cos(4,5) = \frac{-\sqrt{-\varrho_2}}{\delta_4\sqrt{\varrho_1-\varrho_2}}, \\ \cos(3,6) &= \frac{\sqrt{\varrho_1}}{\sqrt{\varrho_1-\varrho_2}}, \quad \cos(4,6) = \frac{\sqrt{-\varrho_2}}{\sqrt{\varrho_1-\varrho_2}}, \end{aligned}\right\} \quad 6)$$

$$\cos(5,6) = \frac{\varrho_1+\varrho_2}{\delta_4(\varrho_1-\varrho_2)}. \quad 7)$$

Die Gleichungen 6) beweisen den bekannten Satz, dass die Tangenten der Krümmungslinien die Winkel zwischen den Tangenten der Asymptotenlinien halbiren. Sie zeigen ferner, da cos (3, 6) und cos (4, 6) positiv ist, dass 6 stets in dem von 3 und 4 eingeschlossenen rechten Winkel liegt.

Die Gleichung 7) lehrt, dass die Tangenten der Asymptotenlinien dann und nur dann einen constanten Winkel mit einander bilden, wenn das Verhältniss $\frac{\varrho_1}{\varrho_2}$ constant ist. Dieser Winkel ist dann und nur dann ein rechter, wenn $\varrho_1 + \varrho_2 = 0$ ist, d. h., wenn man es mit einer Minimalfläche zu thun hat[1]).

Unsere vier Geraden 3, 4, 5, 6 können im Ganzen vier verschiedene Lagen annehmen. Ist $\delta_4 = 1$, so entsteht nach der früheren Bezeichnungsweise für $\delta_3 = 1$ (4 6 3 5), für $\delta_3 = -1$ (5 3 6 4); ist $\delta_4 = -1$, so entsteht für $\delta_3 = 1$ (5 4 6 3) und für $\delta_3 = -1$ (3 6 4 5).

Die beiden durch den Punkt (X, Y, Z) gehenden Tangenten der Einheitskugel, welche zu den Werthen t'_1 und t'_2 von t gehören und nur diese sind senkrecht zu den entsprechenden Flächentangenten; denn soll eine Flächentangente normal zu der demselben Werth von t entsprechenden Kugeltangente sein, so muss die Gleichung:

$$\Sigma\left(\frac{\partial x}{\partial p} + \frac{\partial x}{\partial q}t\right)\left(\frac{\partial X}{\partial p} + \frac{\partial X}{\partial q}t\right) = 0$$

bestehen, d. h. aber, t ist eine Wurzel der Gleichung:

$$\Theta + 2\,\Theta' t + \Theta'' t^2 = 0.$$

Lassen wir nun die Curven $p =$ const. und $q =$ const. mit den Asymptotenlinien zusammenfallen. Dann wird $\Theta = \Theta'' = 0$, und man sieht, dass auch umgekehrt, wenn $\Theta = \Theta'' = 0$ ist, die Curven $p =$ const., $q =$ const. Asymptotenlinien sind.

Specieller falle zunächst die Curve $q =$ const. mit der zu t'_1, die Curve $p =$ const. mit der zu t'_2 gehörenden Asymptotenlinie zusammen.

---

1) Vrgl. Enneper, Göttinger gelehrte Nachrichten vom Jahre 1870 S. 495.

Alsdann besteht:

$$\sqrt{\varrho_1}\cos\sigma - \sqrt{-\varrho_2}\sin\sigma = 0,$$
$$\sqrt{\varrho_1}\cos(\sigma-\varphi) + \sqrt{-\varrho_2}\sin(\sigma-\varphi) = 0,$$

woraus sich ergibt:

$$\sin(2\sigma-\varphi) = 0.$$

Jetzt ist die Gerade $\frac{\frac{\partial X}{\partial p}}{\sqrt{L}}, \frac{\frac{\partial Y}{\partial p}}{\sqrt{L}}, \frac{\frac{\partial Z}{\partial p}}{\sqrt{L}}$ senkrecht zur Geraden (a_1, b_1, c_1), so dass 1 zwischen 3 und 4 liegt, und σ positiv und kleiner als $\frac{\pi}{2}$ wird.

Man hat daher für ein positives φ:

$$2\sigma - \varphi = 0,$$

hingegen für ein negatives φ:

$$2\sigma - \varphi = \pi.$$

Fällt zweitens die Curve $p = \text{const.}$ mit der zu t'_1, die Curve $q = \text{const.}$ mit der zu t'_2 gehörenden Asymptotenlinie zusammen, so wird:

$$\sqrt{\varrho_1}\cos\sigma + \sqrt{-\varrho_2}\sin\sigma = 0,$$
$$\sqrt{\varrho_1}\cos(\sigma-\varphi) - \sqrt{-\varrho_2}\sin(\sigma-\varphi) = 0,$$

also wieder:

$$\sin(2\sigma-\varphi) = 0.$$

In diesem Falle ist die Gerade $\frac{\frac{\partial X}{\partial q}}{\sqrt{N}}, \frac{\frac{\partial Y}{\partial q}}{\sqrt{N}}, \frac{\frac{\partial Z}{\partial q}}{\sqrt{N}}$ senkrecht zur Geraden (a_1, b_1, c_1), so dass 2 zwischen 3 und 4 liegt, und $\sigma - \varphi$ positiv und kleiner als $\frac{\pi}{2}$ wird. Ist daher σ positiv, so wird $2\sigma - \varphi = \pi$, ist aber σ negativ, so wird $2\sigma - \varphi = 0$.

Die zu entwickelnden Beziehungen zeigen nun eine Verschiedenheit auf, je nachdem:

$$2\sigma - \varphi = 0, \text{ oder}$$
$$2\sigma - \varphi = \pi \text{ ist.}$$

Betrachten wir zunächst den ersteren Fall:

$$2\sigma = \varphi.$$

Die Gleichungen 9) § 3 lassen sich stets auf folgende Form bringen:

$$\left.\begin{aligned}
E &= \frac{L}{2}\left\{(\varrho_1+\varrho_2)\,(\varrho_1+\varrho_2+(\varrho_1-\varrho_2)\cos 2\sigma)-2\,\varrho_1\,\varrho_2\right\},\\
F &= \frac{\sqrt{N}\sqrt{L}}{2}\left\{(\varrho_1+\varrho_2)((\varrho_1+\varrho_2)\cos\varphi+(\varrho_1-\varrho_2)\cos(2\sigma-\varphi))-2\,\varrho_1\,\varrho_2\cos\varphi\right\},\\
G &= \frac{N}{2}\left\{(\varrho_1+\varrho_2)\,(\varrho_1+\varrho_2+(\varrho_1-\varrho_2)\cos 2(\sigma-\varphi))-2\,\varrho_1\,\varrho_2\right\},
\end{aligned}\right\} \quad 8)$$

$$\left.\begin{aligned}
\Theta\ &= \frac{L}{2}\left\{\varrho_1+\varrho_2+(\varrho_1-\varrho_2)\cos 2\sigma\right\},\\
\Theta' &= \frac{\sqrt{L}\sqrt{N}}{2}\left\{(\varrho_1+\varrho_2)\cos\varphi+(\varrho_1-\varrho_2)\cos(2\,\sigma-\varphi)\right\},\\
\Theta'' &= \frac{N}{2}\left\{\varrho_1+\varrho_2+(\varrho_1-\varrho_2)\cos 2\,(\sigma-\varphi)\right\}.
\end{aligned}\right\} \quad 9)$$

Die Grössen Θ und Θ'' sind Null. Daher folgt in unserem Fall:

$$\left.\cos\varphi = -\frac{\varrho_1+\varrho_2}{\varrho_1-\varrho_2},\quad \sin\varphi = \pm\frac{\sqrt{-4\,\varrho_1\,\varrho_2}}{\varrho_1-\varrho_2},\right\} \quad 10)$$

$$\left.\begin{aligned}
E &= -\,\varrho_1\,\varrho_2\,L,\\
F &= -\frac{\varrho_1+\varrho_2}{\varrho_1-\varrho_2}\,\varrho_1\,\varrho_2\sqrt{L}\sqrt{N} = \varrho_1\,\varrho_2\cos\varphi\sqrt{L}\sqrt{N},\\
G &= -\,\varrho_1\,\varrho_2\,N,\\
\Theta &= 0,\ \Theta' = -\frac{2\,\varrho_1\,\varrho_2}{\varrho_1-\varrho_2}\sqrt{L}\sqrt{N},\ \Theta''=0.
\end{aligned}\right\} \quad 11)$$

Die Gleichungen 4) § 4 nehmen jetzt die Gestalt an:

$$\left.\begin{aligned}
dx &= \frac{\varrho_1-\varrho_2}{2}\left[\left\{\frac{\partial X}{\partial p}\cos\varphi-\frac{\partial X}{\partial q}\frac{\sqrt{L}}{\sqrt{N}}\right\}dp-\left\{\frac{\partial X}{\partial p}\frac{\sqrt{N}}{\sqrt{L}}-\frac{\partial X}{\partial q}\cos\varphi\right\}dq\right],\\
dy &= \frac{\varrho_1-\varrho_2}{2}\left[\left\{\frac{\partial Y}{\partial p}\cos\varphi-\frac{\partial Y}{\partial q}\frac{\sqrt{L}}{\sqrt{N}}\right\}dp-\left\{\frac{\partial Y}{\partial p}\frac{\sqrt{N}}{\sqrt{L}}-\frac{\partial Y}{\partial q}\cos\varphi\right\}dq\right],\\
dz &= \frac{\varrho_1-\varrho_2}{2}\left[\left\{\frac{\partial Z}{\partial p}\cos\varphi-\frac{\partial Z}{\partial q}\frac{\sqrt{L}}{\sqrt{N}}\right\}dp-\left\{\frac{\partial Z}{\partial p}\frac{\sqrt{N}}{\sqrt{L}}-\frac{\partial Z}{\partial q}\cos\varphi\right\}dq\right].
\end{aligned}\right\} \quad 12)$$

Anstatt 11) § 4 erscheint:

$$\frac{\partial\{\sqrt{L}(\varrho_1+\varrho_2+(\varrho_1-\varrho_2)e^{-i\varphi})\}}{\partial q} - i\,\frac{\varrho_1+\varrho_2+(\varrho_1-\varrho_2)\,e^{-i\varphi}}{\sin\varphi}\left(\frac{\partial\sqrt{N}}{\partial p}-\cos\varphi\,\frac{\partial\sqrt{L}}{\partial q}\right)=$$

$$e^{-i\varphi}\left\{\frac{\partial\{\sqrt{N}(\varrho_1+\varrho_2+(\varrho_1-\varrho_2)e^{i\varphi}\}}{\partial p}+i\,\frac{\varrho_1+\varrho_2+(\varrho_1-\varrho_2)e^{i\varphi}}{\sin\varphi}\left(\frac{\partial\sqrt{L}}{\partial q}-\cos\varphi\,\frac{\partial\sqrt{N}}{\partial p}\right)\right\},$$

oder:

$$-i\frac{\partial\sqrt{L}\,(\varrho_1-\varrho_2)\sin\varphi}{\partial q}-(\varrho_1-\varrho_2)\left(\frac{\partial\sqrt{N}}{\partial p}-\cos\varphi\frac{\partial\sqrt{L}}{\partial q}\right)$$
$$=e^{-i\varphi}\left\{i\frac{\partial\sqrt{N}\,(\varrho_1-\varrho_2)\sin\varphi}{\partial p}-(\varrho_1-\varrho_2)\left(\frac{\partial\sqrt{L}}{\partial q}-\cos\varphi\frac{\partial\sqrt{N}}{\partial p}\right)\right\},$$

oder endlich:

$$\left.\begin{aligned}&-i\frac{\partial\sqrt{L}\sqrt{-\varrho_1\varrho_2}}{\partial q}-\frac{\sqrt{-\varrho_1\varrho_2}}{\sin\varphi}\left(\frac{\partial\sqrt{N}}{\partial p}-\cos\varphi\frac{\partial\sqrt{L}}{\partial q}\right)\\&=e^{-i\varphi}\left\{i\frac{\partial\sqrt{N}\sqrt{-\varrho_1\varrho_2}}{\partial p}-\frac{\sqrt{-\varrho_1\varrho_2}}{\sin\varphi}\left(\frac{\partial\sqrt{L}}{\partial q}-\cos\varphi\frac{\partial\sqrt{N}}{\partial p}\right)\right\}.\end{aligned}\right\}\quad 13)$$

Setzt man in der letzten Gleichung den reellen und imaginären Bestandtheil für sich gleich Null, so entstehen die beiden Beziehungen:

$$-2\sqrt{-\varrho_1\varrho_2}\,\frac{\partial\sqrt{N}}{\partial p}+2\cos\varphi\sqrt{-\varrho_1\varrho_2}\,\frac{\partial\sqrt{L}}{\partial q}=\sin^2\varphi\sqrt{N}\frac{\partial\sqrt{-\varrho_1\varrho_2}}{\partial p}$$
$$-2\sqrt{-\varrho_1\varrho_2}\,\frac{\partial\sqrt{L}}{\partial q}-\sqrt{L}\frac{\partial\sqrt{-\varrho_1\varrho_2}}{\partial q}=\cos\varphi\sqrt{N}\frac{\partial\sqrt{-\varrho_1\varrho_2}}{\partial p},$$

welche sich durch die beiden folgenden ersetzen lassen:

$$\left.\begin{aligned}\cos\varphi\sqrt{N}\,\frac{\partial\sqrt{-\varrho_1\varrho_2}}{\partial p}&=-2\sqrt{-\varrho_1\varrho_2}\,\frac{\partial\sqrt{L}}{\partial q}-\sqrt{L}\,\frac{\partial\sqrt{-\varrho_1\varrho_2}}{\partial q}\\\cos\varphi\sqrt{L}\,\frac{\partial\sqrt{-\varrho_1\varrho_2}}{\partial q}&=-2\sqrt{-\varrho_1\varrho_2}\,\frac{\partial\sqrt{N}}{\partial p}-\sqrt{N}\frac{\partial\sqrt{-\varrho_1\varrho_2}}{\partial p}.\end{aligned}\right\}\quad 14)$$

Unter Benutzung von 11) kann man den beiden letzten Gleichungen die Form geben:

$$\left.\begin{aligned}\cos\varphi\sqrt{G}\,\frac{\partial\log\sqrt{-\varrho_1\varrho_2}}{\partial p}-\sqrt{E}\,\frac{\partial\log\sqrt{-\varrho_1\varrho_2}}{\partial q}&=-2\,\frac{\partial\sqrt{E}}{\partial q}\\\cos\varphi\sqrt{E}\,\frac{\partial\log\sqrt{-\varrho_1\varrho_2}}{\partial q}-\sqrt{G}\,\frac{\partial\log\sqrt{-\varrho_1\varrho_2}}{\partial p}&=-2\,\frac{\partial\sqrt{G}}{\partial p}.\end{aligned}\right\}\quad 15)$$

Wenden wir uns nun zum zweiten Fall: $2\sigma-\varphi=\pi$. In derselben Weise, wie vorhin, ergibt sich:

$$\cos\varphi=\frac{\varrho_1+\varrho_2}{\varrho_1-\varrho_2},\ \sin\varphi=\pm\frac{\sqrt{-4\varrho_1\varrho_2}}{\varrho_1-\varrho_2},\quad 10\text{a})$$

$$\left.\begin{aligned}E&=-\varrho_1\varrho_2 L,\\F&=\frac{\varrho_1+\varrho_2}{\varrho_1-\varrho_2}\,\varrho_1\varrho_2\sqrt{L}\sqrt{N}=\varrho_1\varrho_2\cos\varphi\sqrt{L}\sqrt{N},\\G&=-\varrho_1\varrho_2 N,\\\Theta&=0,\ \Theta'=\frac{2\varrho_1\varrho_2}{\varrho_1-\varrho_2}\sqrt{L}\sqrt{N},\ \Theta''=0,\end{aligned}\right\}\quad 11\text{a})$$

$$\left.\begin{aligned}
dx &= -\frac{\varrho_1-\varrho_2}{2}\left[\left\{\frac{\partial X}{\partial p}\cos\varphi - \frac{\partial X}{\partial q}\frac{\sqrt{L}}{\sqrt{N}}\right\}dp - \left\{\frac{\partial X}{\partial p}\frac{\sqrt{N}}{\sqrt{L}} - \frac{\partial X}{\partial q}\cos\varphi\right\}dq\right],\\
dy &= -\frac{\varrho_1-\varrho_2}{2}\left[\left\{\frac{\partial Y}{\partial p}\cos\varphi - \frac{\partial Y}{\partial q}\frac{\sqrt{L}}{\sqrt{N}}\right\}dp - \left\{\frac{\partial Y}{\partial p}\frac{\sqrt{N}}{\sqrt{L}} - \frac{\partial Y}{\partial q}\cos\varphi\right\}dq\right],\\
dz &= -\frac{\varrho_1-\varrho_2}{2}\left[\left\{\frac{\partial Z}{\partial p}\cos\varphi - \frac{\partial Z}{\partial q}\frac{\sqrt{L}}{\sqrt{N}}\right\}dp - \left\{\frac{\partial Z}{\partial p}\frac{\sqrt{N}}{\sqrt{L}} - \frac{\partial Z}{\partial q}\cos\varphi\right\}dq\right],
\end{aligned}\right\} \quad 12\text{a)}$$

$$\left.\begin{aligned}
\cos\varphi\sqrt{N}\,\frac{\partial\sqrt{-\varrho_1\varrho_2}}{\partial p} &= 2\sqrt{-\varrho_1\varrho_2}\,\frac{\partial\sqrt{L}}{\partial q} + \sqrt{L}\,\frac{\partial\sqrt{-\varrho_1\varrho_2}}{\partial q},\\
\cos\varphi\sqrt{L}\,\frac{\partial\sqrt{-\varrho_1\varrho_2}}{\partial q} &= 2\sqrt{-\varrho_1\varrho_2}\,\frac{\partial\sqrt{N}}{\partial p} + \sqrt{N}\,\frac{\partial\sqrt{-\varrho_1\varrho_2}}{\partial p},
\end{aligned}\right\} \quad 14\text{a)}$$

$$\left.\begin{aligned}
\cos\varphi\sqrt{G}\,\frac{\partial\log\sqrt{-\varrho_1\varrho_2}}{\partial p} + \sqrt{E}\,\frac{\partial\log\sqrt{-\varrho_1\varrho_2}}{\partial q} &= 2\,\frac{\partial\sqrt{E}}{\partial q},\\
\cos\varphi\sqrt{E}\,\frac{\partial\log\sqrt{-\varrho_1\varrho_2}}{\partial q} + \sqrt{G}\,\frac{\partial\log\sqrt{-\varrho_1\varrho_2}}{\partial p} &= 2\,\frac{\partial\sqrt{G}}{\partial p}.
\end{aligned}\right\} \quad 15\text{a)}$$

Die Gleichungen 14) und 14a) gestalten sich besonders einfach, wenn das Produkt $\varrho_1\varrho_2$ constant ist, d. h. wenn die Curven $p=$ const., $q=$ const. die Asymptotenlinien auf einer Fläche von constantem negativen Krümmungsmass sind. Dann wird $\frac{\partial\sqrt{L}}{\partial q}=0$ und $\frac{\partial\sqrt{N}}{\partial p}=0$, d. h. L und damit E ist nur von p, jedoch N und damit G ist nur von q abhängig[1]).

Ein ähnlicher Umstand findet bei den Minimalflächen statt, welche bekanntlich dadurch ausgezeichnet sind, dass in jedem ihrer Punkte die Summe der beiden Hauptkrümmungshalbmesser verschwindet, also $\varrho_2=-\varrho_1$ zu setzen ist. Man erhält für diese Flächen zunächst nach 9) § 3:

$$\left.\begin{aligned}
&E=\varrho_1^2 L,\quad F=\varrho_1^2\sqrt{L}\sqrt{N}\cos\varphi,\quad G=\varrho_1^2 N,\\
&\Theta=\varrho_1 L\cos 2\sigma,\quad \Theta'=\varrho_1\sqrt{L}\sqrt{N}\cos(2\sigma-\varphi),\quad \Theta''=\varrho_1 N\cos 2(\sigma-\varphi),
\end{aligned}\right\} \quad 16)$$

und anstatt 11) § 4 erscheint:

$$\left.\begin{aligned}
&\frac{\partial\sqrt{L}\,\varrho_1 e^{-2i\sigma}}{\partial q} - i\varrho_1\frac{e^{-2i\sigma}}{\sin\varphi}\left(\frac{\partial\sqrt{N}}{\partial p} - \cos\varphi\,\frac{\partial\sqrt{L}}{\partial q}\right)\\
&= e^{-i\varphi}\left\{\frac{\partial\sqrt{N}\,\varrho_1 e^{-2i(\sigma-\varphi)}}{\partial p} + i\varrho_1\frac{e^{-2i(\sigma-\varphi)}}{\sin\varphi}\left(\frac{\partial\sqrt{L}}{\partial q} - \cos\varphi\,\frac{\partial\sqrt{N}}{\partial p}\right)\right\}.
\end{aligned}\right\} \quad 17)$$

Es werde nun $\cos\varphi=0$ genommen. Alsdann erkennt man leicht, dass 17) gleichbedeutend ist mit den beiden Beziehungen:

1) Vergl. Enneper, Göttinger gelehrte Nachrichten vom Jahre 1870, S. 496.

$$\left.\begin{aligned}
&2\varrho_1 \cos 2\sigma \frac{\partial \sqrt{L}}{\partial q} + \varrho_1 \sqrt{L} \frac{\partial \cos 2\sigma}{\partial q} + \cos 2\sigma \sqrt{L} \frac{\partial \varrho_1}{\partial q} \\
&= \pm 2\varrho_1 \sin 2\sigma \frac{\partial \sqrt{N}}{\partial p} \pm \varrho_1 \sqrt{N} \frac{\partial \sin 2\sigma}{\partial p} \pm \sin 2\sigma \sqrt{N} \frac{\partial \varrho_1}{\partial p}, \\
&-2\varrho_1 \sin 2\sigma \frac{\partial \sqrt{L}}{\partial q} - \varrho_1 \sqrt{L} \frac{\partial \sin 2\sigma}{\partial q} - \sin 2\sigma \sqrt{L} \frac{\partial \varrho_1}{\partial q} \\
&= \pm 2\varrho_1 \cos 2\sigma \frac{\partial \sqrt{N}}{\partial p} \pm \varrho_1 \sqrt{N} \frac{\partial \cos 2\sigma}{\partial p} \pm \cos 2\sigma \sqrt{N} \frac{\partial \varrho_1}{\partial p}.
\end{aligned}\right\} \quad 18)$$

Hier gelten die oberen oder unteren Vorzeichen, je nachdem $\varphi = \pm \frac{\pi}{2}$ ist. Man multiplizire nun die erste Gleichung in 18) mit $\cos 2\sigma$, die zweite mit $\sin 2\sigma$ und subtrahire die zweite von der ersten, sodann addire man die zweite, mit $\cos 2\sigma$ multiplizirte, zur ersten mit $\sin 2\sigma$ multiplizirten. Auf diese Weise erhält man die Beziehungen:

$$\frac{\partial \varrho_1 L}{\partial q} = \pm 2\varrho_1 \sqrt{L}\sqrt{N} \frac{\partial \sigma}{\partial p}, \quad \frac{\partial \varrho_1 N}{\partial p} = \mp \sqrt{L}\sqrt{N}\, 2\varrho_1 \frac{\partial \sigma}{\partial q}. \quad 19)$$

Hierin liegt nun folgender Satz[1]): „Sind die Coordinaten einer Minimalfläche als Funktionen von p und q so dargestellt, dass $\cos\varphi$ gleich Null und σ const. ist, so ist $\varrho_1 L$, sowie $\frac{E}{\varrho_1}$ nur eine Function von p, $\varrho_1 N$ und $\frac{G}{\varrho_1}$ nur eine Funktion von q".

Die beiden Voraussetzungen dieses Satzes finden sowohl statt, wenn die Curven $p =$ const., $q =$ const. Krümmungslinien, als wenn sie Asymptotenlinien sind. In der That werden bei den Minimalflächen sowohl die Gleichungen 7) und 7a) § 7, als 14) und 14a) dieses Paragraphen durch die beiden Beziehungen:

$$\frac{\partial \varrho_1 L}{\partial q} = 0 \text{ und } \frac{\partial \varrho_1 N}{\partial p} = 0 \text{ vertreten.}$$

§ 9.

Um weitere Sätze, die sich aus unseren Entwickelungen ohne jede Mühe ergeben, bequemer aussprechen zu können, wollen wir fortan unsere Fläche, deren Coordinaten x, y, z sind, mit S bezeichnen.

Die gedachten Sätze beziehen sich zumeist auf den Fall, dass

1) Vergl. H. A. Schwarz, Journal für Mathematik, Bd. 80, S. 282.

$\cos\varphi = 0$ ist, dass also die Curven $p = \text{const.}$, $q = \text{const.}$ auf der Einheitskugel, deren Gleichung:

$$X^2 + Y^2 + Z^2 = 1$$

ist, ein rechtwinkliges System bilden.

Unter dieser Voraussetzung ergibt sich nach 9) § 3:

$$\left.\begin{aligned} E &= L(\varrho_1^2 \cos^2\sigma + \varrho_2^2 \sin^2\sigma), \\ F &= \sqrt{L}\sqrt{N}(\varrho_1^2 - \varrho_2^2)\sin\sigma\cos\sigma\sin\varphi, \\ G &= N(\varrho_1^2 \sin^2\sigma + \varrho_2^2\cos^2\sigma), \\ \Theta &= L(\varrho_1\cos^2\sigma + \varrho_2\sin^2\sigma), \\ \Theta' &= \sqrt{L}\sqrt{N}(\varrho_1 - \varrho_2)\sin\sigma\cos\sigma\sin\varphi, \\ \Theta'' &= N(\varrho_1\sin^2\sigma + \varrho_2\cos^2\sigma). \end{aligned}\right\} \quad 1)$$

Hierin liegt nun folgender Satz: „Ist S eine Kugel oder eine Minimalfläche, so entspricht einem rechtwinkligen Curvensystem $p = \text{const.}$, $q = \text{const.}$ auf der Einheitskugel stets ein ebensolches auf der Fläche S. Ist aber S weder eine Kugel noch eine Minimalfläche, so entspricht einem rechtwinkligen Kurvensystem $p = \text{const.}$, $q = \text{const.}$ auf der Einheitskugel nur dann ein ebensolches auf der Fläche S, wenn das letztere mit dem System der Krümmungslinien von S zusammenfällt."

Neben der Fläche S betrachten wir jetzt eine zweite Fläche S_1, die wie S nicht abwickelbar sein darf. Die Coordinaten von S_1 sollen ebenfalls als Funktionen von p und q, jedoch so gegeben sein, dass demselben Werthepaar p, q auf den beiden Flächen zwei Punkte mit parallelen Normalen entsprechen. Die beiden Hauptkrümmungshalbmesser von S_1 seien ϱ'_1 und ϱ'_2, die übrigen auf S_1 bezüglichen Ausdrücke sollen mit dem unteren index 1 versehen werden. Die Grössen X, Y, Z, L, M, N sind für beide Flächen gleich, ebenso ist $\cos\varphi = \cos\varphi_1$.

Wenn nun der absolute Betrag von φ einem Rechten gleichkommt, so ergibt sich für die Fläche S_1:

$$\begin{aligned} E_1 &= L(\varrho'^2_1\cos^2\sigma_1 + \varrho'^2_2\sin^2\sigma_1), \\ F_1 &= \sqrt{L}\sqrt{N}(\varrho'^2_1 - \varrho'^2_2)\sin\sigma_1\cos\sigma_1\sin\varphi_1, \\ G_1 &= N(\varrho'^2_1\sin^2\sigma_1 + \varrho'^2_2\cos^2\sigma_1), \\ \Theta_1 &= L(\varrho'_1\cos^2\sigma_1 + \varrho'_2\sin^2\sigma_1), \\ \Theta'_1 &= \sqrt{L}\sqrt{N}(\varrho'_1 - \varrho'_2)\sin\sigma_1\cos\sigma_1\sin\varphi_1, \\ \Theta''_1 &= N(\varrho'_1\sin^2\sigma_1 + \varrho'_2\cos^2\sigma_1). \end{aligned}$$

Darnach kann man als Corollar zu dem vorigen Satz den folgenden aussprechen: „Sind die beiden nicht abwickelbaren Flächen S

und S_1 so aufeinander bezogen, dass ihre Normalen in entsprechenden Punkten parallel sind, ist zweitens das Curvensystem $p=$ const., $q=$ const. auf der Fläche S so beschaffen, dass ihm auf der Einheitskugel ein rechtwinkliges System entspricht, so ist dieses Curvensystem auf der Fläche S_1 stets rechtwinklig, wenn S_1 eine Kugel oder eine Minimalfläche ist, im Uebrigen nur dann, wenn jenes Curvensystem mit dem System der Krümmungslinien von S_1 zusammenfällt"[1]).

Weitere Bemerkungen mögen isometrische Beziehungen betreffen. Man nennt das Curvensystem $p=$ const., $q=$ const. auf der Fläche S isometrisch, wenn die Gleichungen $E=G$ und $F=0$ bestehen. Dasselbe Curvensystem auf der Einheitskugel ist dann isometrisch, wenn die Gleichungen $L=N$ und $M=0$ gelten. Nehmen wir zuerst $L=N$, und fragen, unter welchen Umständen auch die Gleichung $E=G$ erfüllt ist. Diese Gleichung wird jetzt durch die Beziehung:

$$\varrho_1^2 \cos^2\sigma + \varrho_2^2 \sin^2\sigma = \varrho_1^2 \cos^2(\sigma-\varphi) + \varrho_2^2 \sin^2(\sigma-\varphi),$$

oder:

$$(\varrho_1^2-\varrho_2^2)(\cos^2\sigma - \cos^2(\sigma-\varphi)) = 0,$$

oder endlich durch:

$$-(\varrho_1^2-\varrho_2^2)\sin(2\sigma-\varphi)\sin\varphi = 0$$

vertreten. Somit erhalten wir den Satz: „Besteht für das Curvensystem $p=$ const., $q=$ const. auf der Einheitskugel die Gleichung $L=N$, so besteht für dasselbe System auf der Fläche S die Gleichung $E=G$, wenn S eine Kugel oder Minimalfläche ist, im Uebrigen aber nur dann, wenn die Gleichung $\sin(2\sigma-\varphi)=0$ gilt."

Die letzte Beziehung findet nach dem Früheren statt, wenn die Curven $p=$ const., $q=$ const. auf S mit den Asymptotenlinien von S, falls dieselben reell sind, zusammenfallen.

Legen wir nun dem Curvensystem $p=$ const., $q=$ const. auf der Einheitskugel die weitere Beschränkung auf, rechtwinklig zu sein. Soll dann für das entsprechende Curvensystem auf der Fläche S die Gleichung $E=G$ bestehen, so muss

$$(\varrho_1^2-\varrho_2^2)\cos 2\sigma = 0$$

werden.

Wenn der erste Factor der linken Seite dieser Beziehung verschwindet, so ist S entweder eine Kugel oder eine Minimalfläche. Verschwindet aber $\cos 2\sigma$, so ist, da $\cos\varphi$ gleich Null ist, auch $\sin(2\sigma-\varphi)$ gleich Null; dann ist S wieder eine Minimalfläche, und

1) Vgl. Enneper, Göttinger gelehrte Nachrichten vom Jahre 1882, S. 34, 35.

die Curven $p = \text{const.}$, $q = \text{const.}$ sind ihre Asymptotenlinien. Danach erhalten wir den Satz:

„Einem isometrischen Curvensystem $p = \text{const.}$, $q = \text{const.}$ auf der Einheitskugel entspricht nur dann ein isometrisches Curvensystem $p = \text{const.}$, $q = \text{const.}$ auf der Fläche S, wenn letztere eine Kugel oder eine Minimalfläche ist.“

Nehmen wir endlich an, dass die Curven $p = \text{const.}$, $q = \text{const.}$ auf den beiden Flächen S und S_1 die Bedeutung der Krümmungslinien haben, und fragen wir, wann beide Systeme isometrisch sind. Hier sind vier Fälle zu unterscheiden.

1) Es fallen die Curven $q = \text{const.}$ auf S mit den zu ϱ_1 gegehörenden, auf S_1 mit den zu ϱ'_1 gehörenden Krümmungslinien zusammen. Dann wird:

$$E = \varrho_1^2 L,\ G = \varrho_2^2 N,\ E_1 = \varrho'^2_1 L,\ G_1 = \varrho'^2_2 N,$$

und bei stattfindender Isometrie ergibt sich:

$$\frac{\varrho_1^2}{\varrho_2^2} = \frac{\varrho'^2_1}{\varrho'^2_2}.$$

2) Es fallen die Curven $q = \text{const.}$ auf S mit den zu ϱ_1, auf S_1 mit den zu ϱ_2 gehörenden Krümmungslinien zusammen. Es ist dann:

$$E = \varrho_1^2 L,\ G = \varrho_2^2 N,\ E_1 = \varrho'^2_2 L,\ G_1 = \varrho'^2_1 N,$$

und, wenn Isometrie statthat:

$$\frac{\varrho_1^2}{\varrho_2^2} = \frac{\varrho'^2_2}{\varrho'^2_1}.$$

3) Fallen die Curven $q = \text{const.}$ auf S mit den zu ϱ_2, auf S_1 mit den zu ϱ'_1 gehörenden Krümmungslinien zusammen, so wird:

$$E = \varrho_2^2 L,\ G = \varrho_1^2 N,\ E_1 = \varrho'^2_1 L,\ G_1 = \varrho'^2_2 N,$$

und bei statthabender Isometrie:

$$\frac{\varrho_1^2}{\varrho_2^2} = \frac{\varrho'^2_2}{\varrho'^2_1}.$$

4) Wenn die Curven $q = \text{const.}$ auf S mit den zu ϱ_2, auf S_1 mit den zu ϱ'_2 gehörenden Krümmungslinien zusammenfallen, so wird:

$$E = \varrho_2^2 L,\ G = \varrho_1^2 N,\ E_1 = \varrho'^2_2 L,\ G = \varrho'^2_1 N,$$

also, falls Isometrie stattfindet:

$$\frac{\varrho_1^2}{\varrho_2^2} = \frac{\varrho'^2_1}{\varrho'^2_2}\ ^{1)}.$$

1) Vergl. Enneper, Göttinger gelehrte Nachrichten vom Jahre 1882, S. 92.

§ 10.

Herr **Lipschitz** hat in seinen Untersuchungen den Begriff der *Zusammensetzung* nicht abwickelbarer Flächen aufgestellt, mit dem wir uns nun beschäftigen wollen. Es seien irgend n nicht abwickelbare Flächen dadurch bestimmt, dass ihre Coordinaten (x_1, y_1, z_1), $(x_2, y_2, z_2)\ldots(x_n, y_n, z_n)$ als Funktionen von p, q gegeben seien. Die n jedem Werthepaar p, q entsprechenden Punkte auf den n Flächen sollen die Eigenschaft haben, dass die ihnen zugehörenden Flächennormalen parallel sind. Bezeichnet man dann mit $m_1, m_2, \ldots m_n$ n reelle Constante, so heissen die Ausdrücke

$$x = \sum_{\nu=1}^{n} m_\nu x_\nu, \quad y = \sum_{\nu=1}^{n} m_\nu y_\nu, \quad z = \sum_{\nu=1}^{n} m_\nu z_\nu,$$

abgesehen von additiven Constanten, die Coordinaten einer aus den n gegebenen zusammengesetzten Fläche. Eine solche besitzt zunächst die Eigenschaft, dass ihre zum Werthepaar p, q gehörende Normale den entsprechenden Normalen auf den n Flächen parallel ist; denn bezeichnet man die Richtungscosinus der letzteren Normalen mit X, Y, Z, so wird:

$$X\,dx + Y\,dy + Z\,dz = \sum_{\nu=1}^{n} m_\nu (X\,dx_\nu + Y\,dy_\nu + Z\,dz_\nu) = 0.$$

Ferner bestimmen sich die Krümmungsverhältnisse einer zusammengesetzten Fläche aus denen der n gegebenen durch einfache Beziehungen. Um diese zu erhalten bezeichnen wir die auf die Fläche (x_ν, y_ν, z_ν) bezüglichen Ausdrücke ϱ_1, ϱ_2, σ, φ der Reihe nach mit $\varrho_1^{(\nu)}$, $\varrho_2^{(\nu)}$, σ_ν, φ_ν.

Da die Grössen X, Y, Z für alle n Flächen dieselben sind, so kann $\cos\varphi_\nu = \cos\varphi$ gesetzt werden.

Alsdann ergibt sich für die Fläche (x_ν, y_ν, z_ν) nach 4) § 4:

$$\left.\begin{aligned} x_\nu = &-\left[\frac{\partial X}{\partial p}\left\{\frac{\varrho_1^{(\nu)}+\varrho_2^{(\nu)}}{2} - \frac{\varrho_1^{(\nu)}-\varrho_2^{(\nu)}}{2}\,\frac{\sin 2\sigma_\nu}{\sin\varphi_\nu}\cos\varphi + \frac{\varrho_1^{(\nu)}-\varrho_2^{(\nu)}}{2}\cos 2\sigma_\nu\right\}\right. \\ &\qquad \left. + \frac{\partial X}{\partial q}\,\frac{\sqrt{L}}{\sqrt{N}}\,\frac{\varrho_1^{(\nu)}-\varrho_2^{(\nu)}}{2}\,\frac{\sin 2\sigma_\nu}{\sin\varphi_\nu}\right] dp \\ &-\left[-\frac{\partial X}{\partial p}\left\{\frac{\varrho_1^{(\nu)}-\varrho_2^{(\nu)}}{2}\,\frac{\sqrt{N}}{\sqrt{L}}\,\frac{\sin 2\sigma_\nu}{\sin\varphi_\nu}\cos 2\varphi - \left(\varrho_1^{(\nu)}-\varrho_2^{(\nu)}\right)\frac{\sqrt{N}}{\sqrt{L}}\cos 2\sigma_\nu\cos\varphi\right\}\right. \\ &\qquad \left. + \frac{\partial X}{\partial q}\left\{\frac{\varrho_1^{(\nu)}+\varrho_2^{(\nu)}}{2} + \frac{\varrho_1^{(\nu)}-\varrho_2^{(\nu)}}{2}\,\frac{\sin 2\sigma_\nu}{\sin\varphi_\nu}\cos\varphi - \frac{\varrho_1^{(\nu)}-\varrho_2^{(\nu)}}{2}\cos 2\sigma_\nu\right\}\right]. \end{aligned}\right\} \quad 1)$$

Hieraus erhält man die Ausdrücke für dy_ν und dz_ν, indem man an Stelle von X setzt Y, resp. Z.

Multiplizirt man nun dx_ν mit m_ν und setzt:

$$\left.\begin{aligned} &\varrho_1+\varrho_2=\sum_{\nu=1}^{n} m_\nu(\varrho_1^{(\nu)}+\varrho_2^{(\nu)}),\\ &(\varrho_1-\varrho_2)\frac{\sin 2\sigma}{\sin\varphi}=\sum_{\nu=1}^{n} m_\nu(\varrho_1^{(\nu)}-\varrho_2^{(\nu)})\frac{\sin 2\sigma_\nu}{\sin\varphi_\nu},\\ &(\varrho_1-\varrho_2)\cos 2\sigma=\sum_{\nu=1}^{n} m_\nu(\varrho_1^{(\nu)}-\varrho_2^{(\nu)})\cos 2\sigma_\nu, \end{aligned}\right\} \quad 2)$$

so liefert die Summation:

$$\left.\begin{aligned} \sum_{\nu=1}^{n} m_\nu dx_\nu = &-\left[\frac{\partial X}{\partial p}\left\{\frac{\varrho_1+\varrho_2}{2}-\frac{\varrho_1-\varrho_2}{2}\frac{\sin(2\sigma-\varphi)}{\sin\varphi}\right\}+\frac{\partial X}{\partial q}\frac{\sqrt{L}}{\sqrt{N}}\frac{\varrho_1-\varrho_2}{2}\frac{\sin 2\sigma}{\sin\varphi}\right]dp\\ &-\left[-\frac{\partial X}{\partial p}\frac{\varrho_1-\varrho_2}{2}\frac{\sqrt{N}}{\sqrt{L}}\frac{\sin 2(\sigma-\varphi)}{\sin\varphi}+\frac{\partial X}{\partial q}\left\{\frac{\varrho_1+\varrho_2}{2}+\frac{\varrho_1-\varrho_2}{2}\frac{\sin(2\sigma-\varphi)}{\sin\varphi}\right\}\right]dq, \end{aligned}\right\} 3)$$

und durch Vertauschen von X mit Y resp. Z erhält man die Ausdrücke von $\sum_{\nu=1}^{n} m_\nu dy_\nu$ und $\sum_{\nu=1}^{n} m_\nu dz_\nu$.

Es lässt sich nun zeigen, dass auch die Integrabilitätsbedingungen der Ausdrücke $\sum_{\nu=1}^{n} m_\nu dx_\nu$, $\sum_{\nu=1}^{n} m_\nu dy_\nu$, $\sum_{\nu=1}^{n} m_\nu dz_\nu$ erfüllt bleiben, wenn man in ihnen die Substitutionen 2) vornimmt.

Dabei empfiehlt es sich den reellen und den imaginären Bestandtheil der Gleichung 11) § 4 gesondert für sich zu betrachten. Wir setzen für den Augenblick zur Abkürzung:

$$\varrho_1^{(\nu)}+\varrho_2^{(\nu)}=a_\nu,\quad \varrho_1^{(\nu)}-\varrho_2^{(\nu)}=b_\nu,$$

$$\frac{\partial\sqrt{N}}{\partial p}-\cos\varphi\frac{\partial\sqrt{L}}{\partial q}=P,\quad \frac{\partial\sqrt{L}}{\partial q}-\cos\varphi\frac{\partial\sqrt{N}}{\partial p}=Q.$$

Das Verschwinden des reellen Theiles der auf die Fläche (x_ν, y_ν, z_ν) bezogenen Gleichung 11) § 4 liefert die Beziehung:

$$\begin{aligned} \frac{\partial\sqrt{L}(a_\nu+b_\nu\cos 2\sigma_\nu)}{\partial q}-\frac{b_\nu\sin 2\sigma_\nu}{\sin\varphi_\nu}P = &\cos\varphi\frac{\partial\sqrt{N}(a_\nu+b_\nu\cos 2(\sigma_\nu-\varphi_\nu))}{\partial p}\\ &+\cos\varphi\frac{b_\nu\sin 2(\sigma_\nu-\varphi_\nu)}{\sin\varphi_\nu}Q\\ &-\sin\varphi_\nu\frac{\partial\sqrt{N}b_\nu\sin 2(\sigma_\nu-\varphi_\nu)}{\partial p}+(a_\nu+b_\nu\cos 2(\sigma_\nu-\varphi_\nu))Q, \end{aligned}$$

deren rechte Seite sich auf die Form bringen lässt:

$$\cos\varphi \frac{\partial \sqrt{N}\left\{a_\nu + b_\nu \cos 2\sigma_\nu \cos 2\varphi + 2\, b_\nu \frac{\sin 2\sigma_\nu}{\sin\varphi_\nu} \sin^2\varphi \cos\varphi\right\}}{\partial p}$$

$$+ \cos\varphi \cos 2\varphi \frac{b_\nu \sin 2\sigma_\nu}{\sin\varphi_\nu} Q - 2\cos^2\varphi\, b_\nu \cos 2\sigma_\nu\, Q$$

$$- \sin^2\varphi \frac{\partial \sqrt{N} b_\nu \frac{\sin 2\sigma_\nu}{\sin\varphi_\nu} \cos 2\varphi}{\partial p} - \frac{1}{2}\sqrt{N} b_\nu \frac{\sin 2\sigma_\nu}{\sin\varphi_\nu} \cos 2\varphi \frac{\partial \sin^2\varphi}{\partial p}$$

$$+ 2\sin^2\varphi \frac{\partial \sqrt{N} b_\nu \cos 2\sigma_\nu \cos\varphi}{\partial p} + \sqrt{N} b_\nu \cos 2\sigma_\nu \cos\varphi \frac{\partial \sin^2\varphi}{\partial p}$$

$$+ a_\nu Q + b_\nu \cos 2\sigma_\nu \cos 2\varphi\, Q + 2\, b_\nu \frac{\sin 2\sigma_\nu}{\sin\varphi_\nu} \sin^2\varphi \cos\varphi\, Q.$$

Multiplizirt man diese Gleichung mit m_ν und summirt über ν 1 bis n, so ergibt sich unter Benutzung von 2):

$$\left.\begin{aligned} &\frac{\partial \sqrt{L}(\varrho_1+\varrho_2+(\varrho_1-\varrho_2)\cos 2\sigma)}{\partial q} - (\varrho_1-\varrho_2)\frac{\sin 2\sigma}{\sin\varphi} P \\ &= \cos\varphi \frac{\partial \sqrt{N}\{\varrho_1+\varrho_2+(\varrho_1-\varrho_2)\cos 2(\sigma-\varphi)\}}{\partial p} \\ &\quad + \cos\varphi\,(\varrho_1-\varrho_2)\frac{\sin 2(\sigma-\varphi)}{\sin\varphi} Q \\ &- \sin\varphi \frac{\partial \sqrt{N}(\varrho_1-\varrho_2)\sin 2(\sigma-\varphi)}{\partial p} + (\varrho_1+\varrho_2+(\varrho_1-\varrho_2)\cos 2(\sigma-\varphi))Q. \end{aligned}\right\} \quad 4)$$

Setzt man den imaginären Theil der auf die Fläche (x_ν, y_ν, z_ν) bezogenen Gleichung 11) § 4 gleich Null, so erhält man:

$$- \frac{\partial \sqrt{L} b_\nu \sin 2\sigma_\nu}{\partial q} - \frac{a_\nu + b_\nu \cos 2\sigma_\nu}{\sin\varphi_\nu} P$$

$$= - \cos\varphi \frac{\partial \sqrt{N} b_\nu \sin 2(\sigma_\nu - \varphi_\nu)}{\partial p} + \cos\varphi \frac{a_\nu + b_\nu \cos 2(\sigma_\nu - \varphi_\nu)}{\sin\varphi_\nu} Q$$

$$- \sin\varphi_\nu \frac{\partial \sqrt{N}(a_\nu + b_\nu \cos 2(\sigma_\nu - \varphi_\nu))}{\partial p} - b_\nu \sin 2(\sigma_\nu - \varphi_\nu)\, Q.$$

Multiplizirt man diese Gleichung mit $-\sin\varphi_\nu$, so nimmt sie nach einfachen Umformungen die Gestalt an:

$$\sin^2\varphi \frac{\partial \sqrt{L} b_\nu \frac{\sin 2\sigma_\nu}{\sin\varphi_\nu}}{\partial q} + \frac{1}{2}\sqrt{L} b_\nu \frac{\sin 2\sigma_\nu}{\sin\varphi_\nu} \frac{\partial \sin^2\varphi}{\partial q} + (a_\nu + b_\nu \cos 2\sigma_\nu) P =$$

$$\cos\varphi \sin^2\varphi \frac{\partial \sqrt{N} b_\nu \frac{\sin 2\sigma_\nu}{\sin\varphi_\nu} \cos 2\varphi}{\partial p} + \frac{1}{2}\cos\varphi \cos 2\varphi \sqrt{N} b_\nu \frac{\sin 2\sigma_\nu}{\sin\varphi_\nu} \frac{\partial \sin^2\varphi}{\partial p}$$

$$- 2\sin^2\varphi \cos\varphi \frac{\partial \sqrt{N} b_\nu \cos 2\sigma_\nu \cos\varphi}{\partial p} - \sqrt{N} b_\nu \cos 2\sigma_\nu \cos^2\varphi \frac{\partial \sin^2\varphi}{\partial p}$$

$$- \cos\varphi \left(a_\nu + b_\nu \cos 2\sigma_\nu \cos 2\varphi + 2 b_\nu \frac{\sin 2\sigma_\nu}{\sin\varphi_\nu} \sin^2\varphi \cos\varphi \right) Q$$

$$+ \sin^2\varphi \frac{\partial \sqrt{N}\left(a_\nu + b_\nu \cos 2\sigma_\nu \cos 2\varphi + 2 b_\nu \frac{\sin 2\sigma_\nu}{\sin\varphi_\nu} \sin^2\varphi \cos\varphi \right)}{\partial p}$$

$$+ \left(b_\nu \frac{\sin 2\sigma_\nu}{\sin\varphi_\nu} \sin^2\varphi \cos 2\varphi - 2 b_\nu \cos 2\sigma_\nu \sin^2\varphi \cos\varphi \right) Q.$$

Wird diese Beziehung mit m_ν multiplicirt, so liefert die Summation über ν von 1 bis n unter Benutzung von 2):

$$\left.\begin{aligned} &\sin\varphi \frac{\partial \sqrt{L}(\varrho_1 - \varrho_2) \sin 2\sigma}{\partial q} + (\varrho_1 + \varrho_2 + (\varrho_1 - \varrho_2) \cos 2\sigma) P \\ &= \cos\varphi \sin\varphi \frac{\partial \sqrt{N}(\varrho_1 - \varrho_2) \sin 2(\sigma - \varphi)}{\partial p} - \cos\varphi (\varrho_1 + \varrho_2 + (\varrho_1 - \varrho_2) \cos 2(\sigma - \varphi)) Q \\ &+ \sin^2\varphi \frac{\partial \sqrt{N}(\varrho_1 + \varrho_2 + (\varrho_1 - \varrho_2) \cos 2(\sigma - \varphi))}{\partial p} + \sin\varphi (\varrho_1 - \varrho_2) \sin 2(\sigma - \varphi) Q. \end{aligned}\right\} \quad 5)$$

Wird die letzte Gleichung durch $-\sin\varphi$ dividirt und unter Zuhülfenahme der imaginären Einheit i mit 4) verbunden, so entsteht genau die Gleichung 11) § 4.

Daraus folgt nun, dass, wie wir schon sahen, X, Y, Z und ferner ϱ_1, ϱ_2, σ und φ für die aus den n gegebenen Flächen zusammengesetzte Fläche, deren Coordinaten:

$$x = \sum_{\nu=1}^{n} m_\nu x_\nu,$$

$$y = \sum_{\nu=1}^{n} m_\nu y_\nu,$$

$$z = \sum_{\nu=1}^{n} m_\nu z_\nu$$

sind, dieselbe geometrische Bedeutung besitzen, in welcher sie früher gebraucht sind.

Die Gleichungen 2) gestatten zunächst die eindeutige Bestimmung der Grössen ϱ_1 und ϱ_2. Hierbei ergibt sich wie bei Herrn Lipschitz:

$$4\varrho_1\varrho_2 = \left\{\sum_{\nu=1}^{n} m_\nu(\varrho_1^{(\nu)} + \varrho_2^{(\nu)})\right\}^2 - \left\{\sum_{\nu=1}^{n} m_\nu(\varrho_1^{(\nu)} - \varrho_2^{(\nu)}) \sin 2\sigma_\nu\right\}^2$$
$$- \left\{\sum_{\nu=1}^{n} m_\nu(\varrho_1^{(\nu)} - \varrho_2^{(\nu)}) \cos 2\sigma_\nu\right\}.$$

Die erste der Gleichungen 2) lehrt ferner den Satz:

„Jede aus n Minimalflächen zusammengesetzte Fläche ist wieder eine Minimalfläche“[1]).

Um die Grösse σ eindeutig zu bestimmen, hat man zunächst φ zu berechnen. Dies geschieht auf folgende Weise.

Die Gleichungen 10) § 3 kann man so schreiben:

$$t_1 = -\frac{\sqrt{L}}{\sqrt{N}} \frac{\sin^2\sigma}{\sin^2\sigma\cos\varphi - \frac{1}{2}\frac{\sin 2\sigma}{\sin\varphi}\sin^2\varphi},$$

$$t_2 = -\frac{\sqrt{L}}{\sqrt{N}} \frac{\cos^2\sigma}{\cos^2\sigma\cos\varphi + \frac{1}{2}\frac{\sin 2\sigma}{\sin\varphi}\sin^2\varphi}.$$

Somit ist die eindeutige Bestimmung von t_1 und t_2, und unter Benutzung der Gleichungen 3) dieses und der Gleichungen 6) des Paragraph 2 die eindeutige Bestimmung des Ausdrucks $A_2 B_1 - B_2 A_1$ möglich. Da nun Z positiv ist, so lehren die Beziehungen 7) § 2 die Grösse δ_3 kennen, wodurch dann in Folge von: $\varphi = \delta_2 \delta_3 \bar{\varphi}$ auch φ eindeutig bestimmt ist. Dann gestatten aber die Gleichungen 2) die eindeutige Bestimmung von σ, wenn man noch hinzunimmt, dass die Ausdrücke für C_1 und C_2 in 1) § 4 positiv ausfallen müssen.

Wie Herr Lipschitz gezeigt hat, ist die zusammengesetzte Fläche aus einer Kugel und einer beliebigen nicht abwickelbaren Fläche eine Parallelfläche der letzteren. Lässt man den Halbmesser der Kugel verschwinden, diese also in einen Punkt übergehen, so werden die Coordinaten der zusammengesetzten Fläche, abgesehen von additiven Constanten, gleich den mit einer Constanten m multiplizirten Coordinaten der benutzten Fläche. Es folgt alsdann:

$$\varrho_1 + \varrho_2 = m\,(\varrho_1^{(1)} + \varrho_2^{(1)}),$$

1) Vergl. H. A. Schwarz, Journal für die reine und angewandte Mathematik, Bd. 80, S. 286.

$$(\varrho_1 - \varrho_2)\frac{\sin 2\sigma}{\sin\varphi} = m(\varrho_1^{(1)} - \varrho_2^{(1)})\frac{\sin 2\sigma_1}{\sin\varphi_1},$$

$$(\varrho_1 - \varrho_2)\cos 2\sigma = m(\varrho_1^{(1)} - \varrho_2^{(1)})\cos 2\sigma_1.$$

Ist m positiv, so wird:

$$\varrho_1 - \varrho_2 = m(\varrho_1^{(1)} - \varrho_2^{(1)}),$$

$$\varrho_1 = m\varrho_1^{(1)},\quad \varrho_2 = m\varrho_2^{(1)},$$

$$\cos 2\sigma = \cos 2\sigma_1.$$

Bezeichnet man die auf die Fläche (x_1, y_1, z_1) bezogenen Grössen t_1 und t_2 mit t'_1 und t'_2, so wird:

$$t'_1 = t_1,\quad t'_2 = t_2.$$

Die auf die Fläche (x_1, y_1, z_1) bezogenen Grössen $A_1 \ldots A_2 \ldots$ wollen wir $A'_1 \ldots A'_2 \ldots$ nennen. Dann ergibt sich:

$$A_2 B_1 - A_1 B_2 = A'_2 B'_1 - A'_1 B'_2, \text{ so dass:}$$

$$\varphi = \varphi_1,\quad \sigma = \sigma_1 \text{ wird.}$$

Ist aber m negativ, so erhält man:

$$\varrho_1 - \varrho_2 = -m(\varrho_1^{(1)} - \varrho_2^{(1)}),$$

$$\varrho_1 = m\varrho_2^{(1)},\quad \varrho_2 = m\varrho_1^{(1)}$$

$$\cos 2\sigma = -\cos 2\sigma_1,$$

$$t_1 = t'_2,\quad t_2 = t'_1,$$

$$A_2 B_1 - A_1 B_2 = -(A'_2 B'_1 - A'_1 B'_2),$$

so dass $\varphi = -\varphi_1$, und $\sigma = -\frac{3\pi}{2} - \sigma_1$ ist, wenn σ_1 negativ und absolut genommen grösser als $\frac{\pi}{2}$ ist, sonst aber $\sigma = \frac{\pi}{2} - \sigma_1$ wird.

Hier ist also die Tangente der zu ϱ_1 gehörenden Krümmungslinie der Fläche (x, y, z) parallel der Tangente der zu ϱ'_2 gehörenden Krümmungslinie der Fläche (x_1, y_1, z_1).

§ 11.

Es erübrigt noch, auf die Transformation durch Einführung neuer unabhängiger Variabeln einzugehen.

Denkt man sich die Coordinaten x, y, z einer nicht abwickelbaren als Funktionen der beiden unabhängigen Veränderlichen p_1 und q_1 gegeben, so möge statt L, N, σ, φ geschrieben werden der Reihe nach L_1, N_1, σ_1, φ_1.

Dadurch gehen die Beziehungen 3) § 4 in die folgenden über:

$$\left.\begin{aligned}dx = &-\varrho_1 A_1(\sqrt{L_1}\cos\sigma_1 dp_1+\sqrt{N_1}\cos(\sigma_1-\varphi_1)dq_1)\\ &-\varrho_2 A_2(\sqrt{L_1}\sin\sigma_1 dp_1+\sqrt{N_1}\sin(\sigma_1-\varphi_1)dq_1),\\ dy = &-\varrho_1 B_1(\sqrt{L_1}\cos\sigma_1 dp_1+\sqrt{N_1}\cos(\sigma_1-\varphi_1)dq_1)\\ &-\varrho_2 B_2(\sqrt{L_1}\sin\sigma_1 dp_1+\sqrt{N_1}\sin(\sigma_1-\varphi_1)dq_1),\\ dz = &-\varrho_1 C_1(\sqrt{L_1}\cos\sigma_1 dp_1+\sqrt{N_1}\cos(\sigma_1-\varphi_1)dq_1)\\ &-\varrho_2 C_2(\sqrt{L_1}\sin\sigma_1 dp_1+\sqrt{N_1}\sin(\sigma_1-\varphi_1)dq_1).\end{aligned}\right\}\quad 1)$$

Werden nun p_1 und q_1 als Functionen der neuen unabhängigen Veränderlichen p und q betrachtet, so liefert die Vergleichung der Factoren von dp in den vorstehenden Darstellungen und den Darstellungen 3) § 4 die Beziehungen:

$$\begin{aligned}&\varrho_1 A_1\left\{\sqrt{L}\cos\sigma-\sqrt{L_1}\cos\sigma_1\frac{\partial p_1}{\partial p}-\sqrt{N_1}\cos(\sigma_1-\varphi_1)\frac{\partial q_1}{\partial p}\right\}\\ +&\varrho_2 A_2\left\{\sqrt{L}\sin\sigma-\sqrt{L_1}\sin\sigma_1\frac{\partial p_1}{\partial p}-\sqrt{N_1}\sin(\sigma_1-\varphi_1)\frac{\partial q_1}{\partial p}\right\}=0,\\ &\varrho_1 B_1\left\{\sqrt{L}\cos\sigma-\sqrt{L_1}\cos\sigma_1\frac{\partial p_1}{\partial p}-\sqrt{N_1}\cos(\sigma_1-\varphi_1)\frac{\partial q_1}{\partial p}\right\}\\ +&\varrho_2 B_2\left\{\sqrt{L}\sin\sigma-\sqrt{L_1}\sin\sigma_1\frac{\partial p_1}{\partial p}-\sqrt{N_1}\sin(\sigma_1-\varphi_1)\frac{\partial q_1}{\partial p}\right\}=0,\\ &\varrho_1 C_1\left\{\sqrt{L}\cos\sigma-\sqrt{L_1}\cos\sigma_1\frac{\partial p_1}{\partial p}-\sqrt{N_1}\cos(\sigma_1-\varphi_1)\frac{\partial q_1}{\partial p}\right\}\\ +&\varrho_2 C_2\left\{\sqrt{L}\sin\sigma-\sqrt{L_1}\sin\sigma_1\frac{\partial p_1}{\partial p}-\sqrt{N_1}\sin(\sigma_1-\varphi_1)\frac{\partial q_1}{\partial p}\right\}=0.\end{aligned}$$

Multiplizirt man diese Gleichungen der Reihe nach mit A_1, B_1, C_1, dann mit A_2, B_2, C_2 und addirt jedesmal, so erhält man:

$$\left.\begin{aligned}\sqrt{L}\cos\sigma&=\sqrt{L_1}\cos\sigma_1\frac{\partial p_1}{\partial p}+\sqrt{N_1}\cos(\sigma_1-\varphi_1)\frac{\partial q_1}{\partial p},\\ \sqrt{L}\sin\sigma&=\sqrt{L_1}\sin\sigma_1\frac{\partial p_1}{\partial p}+\sqrt{N_1}\sin(\sigma_1-\varphi_1)\frac{\partial q_1}{\partial p}.\end{aligned}\right\}\quad 2)$$

Auf dieselbe Weise ergeben sich aus der Vergleichung der Factoren von dq in den Darstellungen 1) dieses und 3) des Paragraphen 4 die Beziehungen:

$$\left.\begin{aligned}\sqrt{N}\cos(\sigma-\varphi)&=\sqrt{L_1}\cos\sigma_1\frac{\partial p_1}{\partial q}+\sqrt{N_1}\cos(\sigma_1-\varphi_1)\frac{\partial q_1}{\partial q},\\ \sqrt{N}\sin(\sigma-\varphi)&=\sqrt{L_1}\sin\sigma_1\frac{\partial p_1}{\partial q}+\sqrt{N_1}\sin(\sigma_1-\varphi_1)\frac{\partial q_1}{\partial q}.\end{aligned}\right\}\quad 3)$$

Der Grösse $\sqrt{L}$ hat man das Vorzeichen von $\frac{\partial Z}{\partial p_1}\frac{\partial p_1}{\partial p}+\frac{\partial Z}{\partial q_1}\frac{\partial q_1}{\partial p}$, hingegen der Grösse $\sqrt{N}$ das Vorzeichen von $\frac{\partial Z}{\partial p_1}\frac{\partial p_1}{\partial q}+\frac{\partial Z}{\partial q_1}\frac{\partial q_1}{\partial q}$ beizulegen. Alsdann gestatten die Gleichungen 2) und 3) die eindeutige Bestimmung von σ und φ.

Die entwickelten Beziehungen können benutzt werden, wenn von einem Curvensystem auf einer Fläche zu einem bestimmten anderen übergegangen werden soll. Stellen wir z. B. die Forderung, dass die Curven $q=$ const. mit den zu ϱ_1, die Curven $p=$ const. mit den zu ϱ_2 gehörenden Krümmungslinien zusammenfallen, so sind p_1 und q_1 als Funktionen von p und q folgenden beiden Differentialgleichungen gemäss zu bestimmen:

$$\sqrt{L_1}\sin\sigma_1\frac{\partial p_1}{\partial p}+\sqrt{N_1}\sin(\sigma_1-\varphi_1)\frac{\partial q_1}{\partial p}=0,$$

$$\sqrt{L_1}\cos\sigma_1\frac{\partial p_1}{\partial q}+\sqrt{N_1}\cos(\sigma_1-\varphi_1)\frac{\partial q_1}{\partial q}=0.$$

Sollen aber die Curven $q=$ const. mit den zu ϱ_2 gehörenden, die Curven $p=$ const. mit den zu ϱ_1 gehörenden Krümmungslinien zusammenfallen, so müssen p_1 und q_1 den beiden Differentialgleichungen:

$$\sqrt{L_1}\sin\sigma_1\frac{\partial p_1}{\partial q}+\sqrt{N_1}\sin(\sigma_1-\varphi_1)\frac{\partial q_1}{\partial q}=0,$$

$$\sqrt{L_1}\cos\sigma_1\frac{\partial p_1}{\partial p}+\sqrt{N_1}\cos(\sigma_1-\varphi_1)\frac{\partial q_1}{\partial p}=0$$

genügen.

Nehmen wir ferner an, dass das Krümmungsmass der betrachteten Fläche negativ ist, und stellen wir die Forderung, dass die Curven $q=$ const. mit den zu t'_1, die Curven $p=$ const. mit den zu t'_2 gehörenden Asymptotenlinien zusammenfallen (vergl. § 8). Alsdann hat man p_1 und q_1 als Functionen von p und q den beiden Differentialgleichungen:

$$\sqrt{L_1}(\sqrt{\varrho_1}\cos\sigma_1-\sqrt{-\varrho_2}\sin\sigma_1)\frac{\partial p_1}{\partial p}$$

$$+\sqrt{N_1}(\sqrt{\varrho_1}\cos(\sigma_1-\varphi_1)-\sqrt{-\varrho_2}\sin(\sigma_1-\varphi_1))\frac{\partial q_1}{\partial p}=0,$$

$$\sqrt{L_1}(\sqrt{\varrho_1}\cos\sigma_1+\sqrt{-\varrho_2}\sin\sigma_1)\frac{\partial p_1}{\partial q}$$

$$+\sqrt{N_1}(\sqrt{\varrho_1}\cos(\sigma_1-\varphi_1)+\sqrt{-\varrho_2}\sin(\sigma_1-\varphi_1))\frac{\partial q_1}{\partial q}=0$$

gemäss zu bestimmen.

Sollen aber die Curven $q = \text{const.}$ mit den zu t'_2, die Curven $p = \text{const.}$ mit den zu t'_1 gehörenden Asymptotenlinien zusammenfallen, so müssen p_1 und q_1 den partiellen Differentialgleichungen:

$$\sqrt{L_1}(\sqrt{\varrho_1}\cos\sigma_1 + \sqrt{-\varrho_2}\sin\sigma_1)\frac{\partial p_1}{\partial p}$$

$$+ \sqrt{N_1}(\sqrt{\varrho_1}\cos(\sigma_1 - \varphi_1) + \sqrt{-\varrho_2}\sin(\sigma_1 - \varphi_1))\frac{\partial q_1}{\partial p} = 0,$$

$$\sqrt{L_1}(\sqrt{\varrho_1}\cos\sigma_1 - \sqrt{-\varrho_2}\sin\sigma_1)\frac{\partial p_1}{\partial q}$$

$$+ \sqrt{N_1}(\sqrt{\varrho_1}\cos(\sigma_1 - \varphi_1) - \sqrt{-\varrho_2}\sin(\sigma_1 - \varphi_1))\frac{\partial q_1}{\partial q} = 0$$

genügen.

II.

§ 12.

Unsere Entwickelungen entsprangen aus dem Problem, die Differentiale der Coordinaten einer nicht abwickelbaren Fläche auszudrücken durch die Richtungscosinus der Normalen, durch die beiden Hauptkrümmungshalbmesser und den Stellungswinkel. Es lässt sich nun ein allgemeines Problem aus der Theorie der geradlinigen Strahlensysteme aufstellen, von dem das bisher betrachtete ein besonderer Fall ist. Denken wir uns durch jeden Punkt einer Fläche eine Gerade oder, wie man sagt, einen Strahl gelegt, jedoch so, dass die Lage der Geraden sich mit der Lage der Flächenpunkte im Allgemeinen stetig ändert. Auf einer solchen Geraden sollen die Abscissen von dem Punkte aus gerechnet werden, in welchem die Gerade die Fläche schneidet. Dann ist man unter gewissen Bedingungen, die sich im Laufe der Untersuchung ergeben werden, im Stande, die Differentiale der Coordinaten der Fläche auszudrücken durch die Richtungscosinus der Normalen der Fläche, durch die Richtungscosinus der Strahlen des Systems, durch die Abscissen der Grenzpunkte der kürzesten Abstände des Strahls von seinen benachbarten Strahlen, und endlich durch einen noch zu definirenden Winkel, den wir auch hier *Stellungswinkel* nennen wollen.

Die Coordinaten der Fläche nennen wir x, y, z; die Richtungscosinus des durch den Punkt (x, y, z) hindurch gehenden Strahls ξ, η, ζ, und betrachten die sechs Grössen $x, y, z, \xi, \eta, \zeta$, als Funktionen von p, q. Dabei setzen wir voraus, dass der Punkt (x, y, z) auf der Fläche innerhalb eines Bereiches liege, für welchen in keinem Punkt eine der drei Determinanten:

$$\frac{\partial\eta}{\partial p}\frac{\partial\zeta}{\partial q}-\frac{\partial\eta}{\partial q}\frac{\partial\zeta}{\partial p},\quad \frac{\partial\zeta}{\partial p}\frac{\partial\xi}{\partial q}-\frac{\partial\zeta}{\partial q}\frac{\partial\xi}{\partial p},\quad \frac{\partial\xi}{\partial p}\frac{\partial\eta}{\partial q}-\frac{\partial\xi}{\partial q}\frac{\partial\eta}{\partial p}$$

verschwindet. Es werde nun:

$$\left(\frac{\partial\xi}{\partial p}\right)^2+\left(\frac{\partial\eta}{\partial p}\right)^2+\left(\frac{\partial\zeta}{\partial p}\right)^2=H,\quad \left(\frac{\partial\xi}{\partial q}\right)^2+\left(\frac{\partial\eta}{\partial q}\right)^2+\left(\frac{\partial\zeta}{\partial q}\right)^2=\Psi$$

gesetzt. Die positiven Theile der beiden Geraden

$$\left(\frac{\frac{\partial \xi}{\partial p}}{\sqrt{H}}, \frac{\frac{\partial \eta}{\partial p}}{\sqrt{H}}, \frac{\frac{\partial \zeta}{\partial p}}{\sqrt{H}}\right), \left(\frac{\frac{\partial \xi}{\partial q}}{\sqrt{\Psi}}, \frac{\frac{\partial \eta}{\partial q}}{\sqrt{\Psi}}, \frac{\frac{\partial \zeta}{\partial q}}{\sqrt{\Psi}}\right)$$

— wo $\sqrt{H}$ das Vorzeichen von $\frac{\partial \zeta}{\partial p}$, $\sqrt{\Psi}$ das Vorzeichen von $\frac{\partial \zeta}{\partial q}$ hat — mögen den Winkel $\overline{\psi}$ mit einander einschliessen, so dass, wenn man:

$$\frac{\partial \xi}{\partial p}\frac{\partial \xi}{\partial q} + \frac{\partial \eta}{\partial p}\frac{\partial \eta}{\partial q} + \frac{\partial \zeta}{\partial p}\frac{\partial \zeta}{\partial q} = \Phi \text{ setzt:}$$

$$\Phi = \sqrt{H}\sqrt{\Psi}\cos\overline{\psi} \text{ wird.}$$

Ferner werde:

$$\xi = \frac{\frac{\partial \eta}{\partial p}\frac{\partial \zeta}{\partial q} - \frac{\partial \eta}{\partial q}\frac{\partial \zeta}{\partial p}}{\Delta}, \quad \eta = \frac{\frac{\partial \zeta}{\partial p}\frac{\partial \xi}{\partial q} - \frac{\partial \zeta}{\partial q}\frac{\partial \xi}{\partial p}}{\Delta}, \quad \zeta = \frac{\frac{\partial \xi}{\partial p}\frac{\partial \eta}{\partial q} - \frac{\partial \xi}{\partial q}\frac{\partial \eta}{\partial p}}{\Delta}$$

genommen, wo Δ die mit dem Vorzeichen von $\frac{\partial \xi}{\partial p}\frac{\partial \eta}{\partial q} - \frac{\partial \xi}{\partial q}\frac{\partial \eta}{\partial p}$ versehene Quadratwurzel aus $H\Psi - \Phi^2$ bedeutet.

Der absolute Werth von δ_5 sei der Einheit gleich, dann setzen wir:

$$\Delta = \delta_5\sqrt{H}\sqrt{\Psi}\sin\overline{\psi}.$$

Hier ist $\delta_5 = +1$ oder $= -1$, je nachdem $\dfrac{\frac{\partial \xi}{\partial p}\frac{\partial \eta}{\partial q} - \frac{\partial \xi}{\partial q}\frac{\partial \eta}{\partial p}}{\sqrt{H}\sqrt{\Psi}}$ positiv oder negativ ist, d. h. je nachdem die drei Geraden $\left(\frac{\frac{\partial \xi}{\partial p}}{\sqrt{H}}, \frac{\frac{\partial \eta}{\partial p}}{\sqrt{H}}, \frac{\frac{\partial \zeta}{\partial p}}{\sqrt{H}}\right)$, $\left(\frac{\frac{\partial \xi}{\partial q}}{\sqrt{\Psi}}, \frac{\frac{\partial \eta}{\partial q}}{\sqrt{\Psi}}, \frac{\frac{\partial \zeta}{\partial q}}{\sqrt{\Psi}}\right)$, (ξ, η, ζ) im positiven Sinne aufeinander folgen oder nicht.

Endlich führen wir noch die Bezeichnungen ein:

$$\frac{\partial x}{\partial p}\frac{\partial \xi}{\partial p} + \frac{\partial y}{\partial p}\frac{\partial \eta}{\partial p} + \frac{\partial z}{\partial p}\frac{\partial \zeta}{\partial p} = e,$$

$$\frac{\partial x}{\partial q}\frac{\partial \xi}{\partial p} + \frac{\partial y}{\partial q}\frac{\partial \eta}{\partial p} + \frac{\partial z}{\partial q}\frac{\partial \zeta}{\partial p} = f,$$

$$\frac{\partial x}{\partial p}\frac{\partial \xi}{\partial q} + \frac{\partial y}{\partial p}\frac{\partial \eta}{\partial q} + \frac{\partial z}{\partial p}\frac{\partial \zeta}{\partial q} = f',$$

$$\frac{\partial x}{\partial q}\frac{\partial \xi}{\partial q} + \frac{\partial y}{\partial q}\frac{\partial \eta}{\partial q} + \frac{\partial z}{\partial q}\frac{\partial \zeta}{\partial q} = g,$$

$$\frac{\partial X}{\partial p}\frac{\partial \xi}{\partial p} + \frac{\partial Y}{\partial p}\frac{\partial \eta}{\partial p} + \frac{\partial Z}{\partial p}\frac{\partial \zeta}{\partial p} = h,$$

$$\frac{\partial X}{\partial p}\frac{\partial \xi}{\partial q} + \frac{\partial Y}{\partial p}\frac{\partial \eta}{\partial q} + \frac{\partial Z}{\partial p}\frac{\partial \zeta}{\partial q} = i,$$

$$\frac{\partial X}{\partial q}\frac{\partial \xi}{\partial p}+\frac{\partial Y}{\partial q}\frac{\partial \eta}{\partial p}+\frac{\partial Z}{\partial q}\frac{\partial \zeta}{\partial p}=i',$$
$$\frac{\partial X}{\partial q}\frac{\partial \xi}{\partial q}+\frac{\partial Y}{\partial q}\frac{\partial \eta}{\partial q}+\frac{\partial Z}{\partial q}\frac{\partial \zeta}{\partial q}=k.$$

§ 13.

Für das Folgende ist die Aufstellung einer linearen Relation zwischen e, f, f' und g, deren Coefficienten nur von X, Y, Z, ξ, η, ζ abhängen, von der grössten Wichtigkeit. Um zu dieser Beziehung zu gelangen, berechnen wir zuerst die partiellen Ableitungen von X, Y, Z.

Unter der auch jetzt zu machenden Voraussetzung, dass der Ausdruck $EG - F^2 = P^2$ von Null verschieden sei, ergibt sich aus den Gleichungen:

$$\Sigma X\frac{\partial X}{\partial p}=0,\ \Sigma\frac{\partial x}{\partial p}\frac{\partial X}{\partial p}=-\Theta,\ \Sigma\frac{\partial x}{\partial q}\frac{\partial X}{\partial p}=-\Theta',$$

das System:

$$\left.\begin{aligned}\frac{\partial X}{\partial p}P^2&=\frac{\partial x}{\partial p}(F\Theta'-G\Theta)+\frac{\partial x}{\partial q}(F\Theta-E\Theta'),\\ \frac{\partial Y}{\partial p}P^2&=\frac{\partial y}{\partial p}(F\Theta'-G\Theta)+\frac{\partial y}{\partial q}(F\Theta-E\Theta'),\\ \frac{\partial Z}{\partial p}P^2&=\frac{\partial z}{\partial p}(F\Theta'-G\Theta)+\frac{\partial z}{\partial q}(F\Theta-E\Theta'),\end{aligned}\right\}\qquad 1)$$

und ebenso folgt aus den Gleichungen:

$$\Sigma X\frac{\partial X}{\partial q}=0,\ \Sigma\frac{\partial x}{\partial p}\frac{\partial X}{\partial q}=-\Theta',\ \Sigma\frac{\partial x}{\partial q}\frac{\partial X}{\partial q}=-\Theta'',$$

das System:

$$\left.\begin{aligned}\frac{\partial X}{\partial q}P^2&=\frac{\partial x}{\partial p}(F\Theta''-G\Theta')+\frac{\partial x}{\partial q}(F\Theta'-E\Theta''),\\ \frac{\partial Y}{\partial q}P^2&=\frac{\partial y}{\partial p}(F\Theta''-G\Theta')+\frac{\partial y}{\partial q}(F\Theta'-E\Theta''),\\ \frac{\partial Z}{\partial q}P^2&=\frac{\partial z}{\partial p}(F\Theta''-G\Theta')+\frac{\partial z}{\partial q}(F\Theta'-E\Theta'').\end{aligned}\right\}\qquad 2)$$

Multiplizirt man die Gleichungen des Systems 1) und die des Systems 2) der Reihe nach mit $\frac{\partial X}{\partial p}, \frac{\partial Y}{\partial p}, \frac{\partial Z}{\partial p}$, dann mit $\frac{\partial X}{\partial q}, \frac{\partial Y}{\partial q}, \frac{\partial Z}{\partial q}$ und addirt sie jedesmal, so entsteht:

$$\left.\begin{aligned}LP^2&=-\Theta(F\Theta'-G\Theta)-\Theta'(F\Theta-E\Theta'),\\ MP^2&=-\Theta'(F\Theta'-G\Theta)-\Theta''(F\Theta-E\Theta'),\\ MP^2&=-\Theta(F\Theta''-G\Theta')-\Theta'(F\Theta'-E\Theta''),\\ NP^2&=-\Theta'(F\Theta''-G\Theta')-\Theta''(F\Theta'-E\Theta'').\end{aligned}\right\}\qquad 3)$$

Aus diesen Gleichungen folgt nach dem Multiplicationssatz der Determinanten:

$$P^4 \begin{vmatrix} L & M \\ M & N \end{vmatrix} = \begin{vmatrix} -\Theta & -\Theta' \\ -\Theta' & -\Theta'' \end{vmatrix} \cdot \begin{vmatrix} F\Theta' - G\Theta & F\Theta - E\Theta' \\ F\Theta'' - G\Theta' & F\Theta' - E\Theta'' \end{vmatrix},$$

da aber:

$$\begin{vmatrix} F\Theta' - G\Theta & F\Theta - E\Theta' \\ F\Theta'' - G\Theta' & F\Theta' - E\Theta'' \end{vmatrix} = \begin{vmatrix} F & G \\ -E & -F \end{vmatrix} \cdot \begin{vmatrix} \Theta' & -\Theta \\ \Theta'' & -\Theta' \end{vmatrix},$$

so wird:

$$P^2(LN - M^2) = (\Theta\Theta'' - \Theta'^2)^2. \tag{4}$$

Der Ausdruck $LN - M^2 = Q^2$ kann also nur dann identisch verschwinden, wenn identisch $\Theta\Theta'' - \Theta'^2$ gleich Null ist, d. h. wie wir schon sahen, wenn man es mit einer abwickelbaren Fläche zu thun hat.

Die Gleichungen 1) und 2) liefern ferner die Beziehungen:

$$\left.\begin{aligned} hP^2 &= e(F\Theta' - G\Theta) + f(F\Theta - E\Theta'), \\ iP^2 &= f'(F\Theta' - G\Theta) + g(F\Theta - E\Theta'), \\ i'P^2 &= e(F\Theta'' - G\Theta') + f(F\Theta' - E\Theta''), \\ kP^2 &= f'(F\Theta'' - G\Theta') + g(F\Theta' - E\Theta''). \end{aligned}\right\} \tag{5}$$

Unter der Voraussetzung $\Theta\Theta'' - \Theta'^2 \gtrless 0$, ergibt sich aus 3):

$$\left.\begin{aligned} \frac{F\Theta' - G\Theta}{P^2} &= -\frac{L\Theta'' - M\Theta'}{\Theta\Theta'' - \Theta'^2}, & \frac{F\Theta'' - G\Theta'}{P^2} &= -\frac{M\Theta'' - N\Theta'}{\Theta\Theta'' - \Theta'^2}, \\ \frac{F\Theta - E\Theta'}{P^2} &= -\frac{M\Theta - L\Theta'}{\Theta\Theta'' - \Theta'^2}, & \frac{F\Theta' - E\Theta''}{P^2} &= -\frac{N\Theta - M\Theta'}{\Theta\Theta'' - \Theta'^2}, \end{aligned}\right\} \tag{6}$$

und unter der Voraussetzung $eg - ff' \gtrless 0$, folgt aus 5):

$$\left.\begin{aligned} \frac{F\Theta' - G\Theta}{P^2} &= \frac{hg - fi}{eg - ff'}, & \frac{F\Theta'' - G\Theta'}{P^2} &= \frac{i'g - fk}{eg - ff'}, \\ \frac{F\Theta - E\Theta'}{P^2} &= \frac{ei - f'h}{eg - ff'}, & \frac{F\Theta' - E\Theta''}{P^2} &= \frac{ek - i'f'}{eg - ff'}. \end{aligned}\right\} \tag{7}$$

Setzen wir zur Abkürzung:

$$\Theta\Theta'' - \Theta'^2 = S, \quad eg - ff' = T,$$

so liefert die Vergleichung von 6) und 7) die Beziehungen:

$$\left.\begin{aligned} T(M\Theta' - L\Theta'') - S(hg - fi) &= 0, \\ T(L\Theta' - M\Theta) - S(ei - f'h) &= 0, \\ T(N\Theta' - M\Theta'') - S(i'g - fk) &= 0, \\ T(M\Theta' - N\Theta) - S(ek - i'f') &= 0. \end{aligned}\right\} \tag{8}$$

Diese vier Gleichungen sind linear und homogen in den vier Grössen $T\Theta$, $T\Theta'$, $T\Theta''$, S, und da letztere in Folge der gemachten

Voraussetzungen nicht gleichzeitig verschwinden können, so muss die Determinante der Gleichungen 8) Null sein, d. h.

$$\begin{vmatrix} 0 & M & -L & fi - hg \\ -M & L & 0 & f'h - ei \\ 0 & N & -M & fk - i'g \\ -N & M & 0 & i'f' - ek \end{vmatrix} = 0.$$

Dies liefert nach Unterdrückung des von Null verschiedenen Factors $LN - M^2$ die gesuchte Relation in der Form:

$$e(Mk - Ni) + f(Mi - Lk) + f'(Nh - Mi') + g(Li' - Mh) = 0. \qquad 9)$$

Betrachten wir nun die Voraussetzungen, unter welchen die vorstehende Beziehung abgeleitet ist.

Aus den Gleichungen 3) und 5) folgt mit Hülfe des Multiplicationssatzes der Determinanten:

$$\left.\begin{aligned} P^2(Mk - Ni) &= S(\Theta'' f' - \Theta' g), \\ P^2(Mi - Lk) &= S(\Theta g - \Theta' f'), \\ P^2(Nh - Mi') &= S(\Theta' f - \Theta'' e), \\ P^2(Li' - Mh) &= S(\Theta' e - \Theta f). \end{aligned}\right\} \qquad 10)$$

Wenn man daher die erste der gemachten Voraussetzungen fallen und $\Theta\Theta'' - \Theta'^2$ verschwinden lässt, so werden die Coefficienten der Grössen e, f, f', g in 9) einzeln Null.

Wird aber entgegen der zweiten Voraussetzung die Determinante $eg - ff'$ zu Null, so bestehen nach 5) die Gleichungen:

$$\left.\begin{aligned} hg - fi &= 0, \quad i'g - fk = 0, \\ ei - f'h &= 0, \quad ek - i'f' = 0. \end{aligned}\right\} \qquad 11)$$

Alsdann verschwinden in der Gleichung 9) die Coefficienten von L, M und N.

§ 14.

Beschäftigen wir uns jetzt mit der Aufgabe, die Ausdrücke e, $f + f'$ und g durch solche Grössen darzustellen, welche sich nur auf das Strahlensystem, nicht aber auf die Fläche beziehen, von der die Strahlen des Systems ausgehen.

Dem Flächenpunkt (x, y, z), durch welchen die Gerade (ξ, η, ζ) gelegt ist, ist benachbart der Punkt $(x + dx, y + dy, z + dz)$, und durch diesen geht die Gerade $(\xi + d\xi, \eta + d\eta, \zeta + d\zeta)$ hindurch. Beide Strahlen besitzen einen bestimmten kürzesten Abstand; die

Abscisse des Punktes, in welchem dieser Abstand auf dem Strahl (ξ, η, ζ) senkrecht steht, möge r heissen. Dann hat man:

$$r = -\frac{dx\,d\xi + dy\,d\eta + dz\,d\zeta}{d\xi^2 + d\eta^2 + d\zeta^2} = -\frac{e\,dp^2 + (f+f')\,dp\,dq + g\,dq^2}{H\,dp^2 + 2\,\Phi\,dp\,dq + \Psi\,dq^2}. \quad 1)$$

Wir nahmen an, dass der Punkt (x, y, z) sich in einem Bereiche befände, innerhalb dessen die Grösse $H\Psi - \Phi^2$ niemals Null wird. Dann folgt aber, dass auch für keinen Punkt dieses Bereichs die Grösse r unendlich gross werden kann. Wir legen nun unserem Bereich die weitere Bedingung auf, dass für jeden seiner Punkte zwei von einander verschiedene Werthe von r existiren, von denen der eine r_1 das Maximum, der andere r_2 das Minimum aller zu demselben Punkte gehörenden Werthe von r darstellt. Die beiden Grössen r_1 und r_2, welche die Abscissen der Grenzpunkte der kürzesten Abstände des Strahls (ξ, η, ζ) von seinen benachbarten Strahlen genannt werden, sind die Wurzeln der Gleichung:

$$(H\Psi - \Phi^2)\,r^2 + (gH + e\Psi - (f+f')\,\Phi)\,r + eg - \frac{(f+f')^2}{4} = 0. \quad 2)$$

Wird das Verhältniss $\frac{dq}{dp}$ mit $\mathfrak{t}$ bezeichnet, so möge der Werth $\mathfrak{t}_1$ von $\mathfrak{t}$ den Werth r_1 von r, der Werth $\mathfrak{t}_2$ von $\mathfrak{t}$, den Werth r_2 von r liefern. Dann sind $\mathfrak{t}_1$ und $\mathfrak{t}_2$ die stets reellen Wurzeln der Gleichung:

$$\left(g\Phi - \frac{1}{2}(f+f')\,\Psi\right)\mathfrak{t}^2 - (e\Psi - Hg)\,\mathfrak{t} + \frac{1}{2}(f+f')\,H - e\,\Phi = 0. \quad 3)$$

Es soll nun die weitere Rechnung nur für den Fall durchgeführt werden, dass der Ausdruck $\left(g\Phi - \frac{1}{2}(f+f')\,\Psi\right)$ einen von Null verschiedenen Werth hat. Nach den analogen Entwickelungen des vorigen Capitels kann der ausgeschlossene Fall keine Schwierigkeiten darbieten.

Zuerst hat man sich Gewissheit darüber zu verschaffen, welche Wurzel der Gleichung 3) für $\mathfrak{t}_1$, und welche Wurzel für $\mathfrak{t}_2$ zu setzen ist.

Für $\mathfrak{t} = \mathfrak{t}_1$ erhält man:

$$\frac{d^2 r}{d\mathfrak{t}^2} = -\frac{(\mathfrak{t}_1 - \mathfrak{t}_2)\left(g\Phi - \frac{1}{2}(f+f')\,\Psi\right)}{2\,(H + 2\,\Phi\mathfrak{t}_1 + \Psi\mathfrak{t}_1^2)^2}.$$

Da nun diese zweite Ableitung, wenn $r = r_1$ ist, negativ ausfallen muss, so hat man für t_1 die grössere oder die kleinere Wurzel der Gleichung 3) zu nehmen, je nachdem:

$$g\Phi - \frac{1}{2}(f+f')\Psi \gtrless 0$$

ist.

Es bestehen jetzt die Gleichungen:

$$\left.\begin{aligned} H+\Phi(t_1+t_2)+\Psi t_1 t_2 &= 0,\\ e+\frac{1}{2}(f+f')(t_1+t_2)+g\,t_1 t_2 &= 0,\\ H+2\Phi t_1+\Psi t_1^2 &= (t_1-t_2)(\Phi+\Psi t_1),\\ H+2\Phi t_2+\Psi t_2^2 &= (t_2-t_1)(\Phi+\Psi t_2),\\ (\Phi+\Psi t_1)(\Phi+\Psi t_2) &= -\Delta^2, \end{aligned}\right\} \quad 4)$$

$$\left.\begin{aligned} r_1 &= -\frac{\frac{1}{2}(f+f')+g t_1}{\Phi+\Psi t_1} = -\frac{e+\frac{1}{2}(f+f')t_1}{H+\Phi t_1},\\ r_2 &= -\frac{\frac{1}{2}(f+f')+g t_2}{\Phi+\Psi t_2} = -\frac{e+\frac{1}{2}(f+f')t_2}{H+\Phi t_2}, \end{aligned}\right\} \quad 5)$$

$$\left.\begin{aligned} t_1 &= -\frac{e+Hr_1}{\frac{1}{2}(f+f')+\Phi r_1} = -\frac{\frac{1}{2}(f+f')+\Phi r_1}{g+\Psi r_1},\\ t_2 &= -\frac{e+Hr_2}{\frac{1}{2}(f+f')+\Phi r_2} = -\frac{\frac{1}{2}(f+f')+\Phi r_2}{g+\Psi r_2}. \end{aligned}\right\} \quad 6)$$

Die Richtungscosinus des zu $r=r_1$ gehörenden kürzesten Abstandes sollen mit $\varkappa_1$, λ_1, μ_1, die Richtungscosinus des zu $r=r_2$ gehörenden mit $\varkappa_2$, λ_2, μ_2 bezeichnet werden. Setzt man dann zur Abkürzung:

$$H+2\Phi t_1+\Psi t_1^2 = V_1^2,$$
$$H+2\Phi t_2+\Psi t_2^2 = V_2^2,$$

so wird:

$$\left.\begin{aligned} \varkappa_1 &= \frac{\frac{\partial\xi}{\partial p}+\frac{\partial\xi}{\partial q}t_2}{V_2}, & \lambda_1 &= \frac{\frac{\partial\eta}{\partial p}+\frac{\partial\eta}{\partial q}t_2}{V_2}, & \mu_1 &= \frac{\frac{\partial\zeta}{\partial p}+\frac{\partial\zeta}{\partial q}t_2}{V_2},\\ \varkappa_2 &= \frac{\frac{\partial\xi}{\partial p}+\frac{\partial\xi}{\partial q}t_1}{V_1}, & \lambda_2 &= \frac{\frac{\partial\eta}{\partial p}+\frac{\partial\eta}{\partial q}t_1}{V_1}, & \mu_2 &= \frac{\frac{\partial\zeta}{\partial p}+\frac{\partial\zeta}{\partial q}t_1}{V_1}. \end{aligned}\right\} \quad 7)$$

Hier besitzt V_1 das Vorzeichen von $\frac{\partial\zeta}{\partial p}+\frac{\partial\zeta}{\partial q}t_1$, V_2 dasjenige von $\frac{\partial\zeta}{\partial p}+\frac{\partial\zeta}{\partial q}t_2$.

Die kürzesten Abstände selbst sind senkrecht zur Geraden (ξ, η, ζ). Die hieraus folgenden Gleichungen:

$$\xi\varkappa_1+\eta\lambda_1+\zeta\mu_1=0,\ \xi\varkappa_2+\eta\lambda_2+\zeta\mu_2=0$$

lösen wir auf in der Form:

$$\xi=\delta_6(\lambda_1\mu_2-\mu_1\lambda_2),\ \eta=\delta_6(\mu_1\varkappa_2-\varkappa_1\mu_2),\ \zeta=\delta_6(\varkappa_1\lambda_2-\lambda_1\varkappa_2), \quad 8)$$

wo δ_6 gleich 1 oder gleich -1 zu nehmen ist, je nachdem $\varkappa_1\lambda_2-\lambda_1\varkappa_2 \gtrless 0$ ist, d. h. je nachdem die Geraden $(\varkappa_1, \lambda_1, \mu_1)$, $(\varkappa_2, \lambda_2, \mu_2)$, (ξ, η, ζ) im positiven oder negativen Sinne auf einander folgen.

Die Grösse $-r$ haben wir in 1) dargestellt als einen Bruch, dessen Zähler und Nenner quadratische Formen von dp und dq sind. Bezeichnen wir für den Augenblick den fraglichen Zähler mit m, den Nenner mit n, so verschwindet, wenn s eine unbestimmte Grösse bedeutet, die Determinante der quadratischen Form $sn-m$ oder:

$$(sH-e)\,dp^2+(2s\Phi-f-f')\,dp\,dq+(s\Psi-g)\,dq^2$$

für die beiden Werthe $s=-r_1$ und $s=-r_2$.

Man kann daher den Satz über die Darstellung zweier quadratischer Formen anwenden, welchen Herr Weierstrass im Monatsbericht der Berliner Akademie vom 4. März 1858 für beliebig viele Variable bewiesen hat. Nach diesem Satze wird, wenn man:

$$\left.\begin{aligned}\vartheta_1&=\frac{(e+r_2H)\,dp^2+2\left(\frac{f+f'}{2}+r_2\Phi\right)dp\,dq+(g+r_2\Psi)\,dq^2}{r_2-r_1},\\ \vartheta_2&=\frac{(e+r_1H)\,dp^2+2\left(\frac{f+f'}{2}+r_1\Phi\right)dp\,dq+(g+r_1\Psi)\,dq^2}{r_1-r_2}\end{aligned}\right\}\quad 9)$$

setzt:

$$r=\frac{r_1\vartheta_1+r_2\vartheta_2}{\vartheta_1+\vartheta_2}. \quad 10)$$

Dabei sind ϑ_1 und ϑ_2 die Quadrate linearer Funktionen von dp und und dq, was sich aus der Gleichung 2) ohne Schwierigkeit ergibt.

Um nun diese linearen Functionen in einfacher Weise darzustellen, führen wir zwei Grössen τ und ψ ein mittels der Gleichungen:

$$\left.\begin{aligned}\cos\tau&=\frac{\varkappa_2\frac{\partial\xi}{\partial p}+\lambda_2\frac{\partial\eta}{\partial p}+\mu_2\frac{\partial\zeta}{\partial p}}{\sqrt{H}}, & \cos(\tau-\psi)&=\frac{\varkappa_2\frac{\partial\xi}{\partial q}+\lambda_2\frac{\partial\eta}{\partial q}+\mu_2\frac{\partial\zeta}{\partial q}}{\sqrt{\Psi}},\\ \sin\tau&=\frac{\varkappa_1\frac{\partial\xi}{\partial p}+\lambda_1\frac{\partial\eta}{\partial p}+\mu_1\frac{\partial\zeta}{\partial p}}{\sqrt{H}}, & \sin(\tau-\psi)&=\frac{\varkappa_1\frac{\partial\xi}{\partial q}+\lambda_1\frac{\partial\eta}{\partial q}+\mu_1\frac{\partial\zeta}{\partial q}}{\sqrt{\Psi}}.\end{aligned}\right\}\quad 11)$$

Der absolute Werth von τ misst den Winkel zwischen den beiden Geraden $(\varkappa_2, \lambda_2, \mu_2)$ und $\left(\frac{\frac{\partial\xi}{\partial p}}{\sqrt{H}}, \frac{\frac{\partial\eta}{\partial p}}{\sqrt{H}}, \frac{\frac{\partial\zeta}{\partial p}}{\sqrt{H}}\right)$. Das Vorzeichen von τ ist + oder —, je nachdem der Winkel zwischen den beiden Geraden $(\varkappa_1, \lambda_1, \mu_1)$ und $\left(\frac{\frac{\partial\xi}{\partial p}}{\sqrt{H}}, \frac{\frac{\partial\eta}{\partial p}}{\sqrt{H}}, \frac{\frac{\partial\zeta}{\partial p}}{\sqrt{H}}\right)$ kleiner (gleich) oder grösser ist, wie $\frac{\pi}{2}$.

Um die Bedeutung von ψ kennen zu lernen, betrachten wir das System:

$$\begin{aligned}
\varkappa_2\frac{\partial\xi}{\partial p}+\lambda_2\frac{\partial\eta}{\partial p}+\mu_2\frac{\partial\zeta}{\partial p}&=\sqrt{H}\cos\tau,\\
\varkappa_1\frac{\partial\xi}{\partial p}+\lambda_1\frac{\partial\eta}{\partial p}+\mu_1\frac{\partial\zeta}{\partial p}&=\sqrt{H}\sin\tau,\\
\xi\frac{\partial\xi}{\partial p}+\eta\frac{\partial\eta}{\partial p}+\zeta\frac{\partial\zeta}{\partial p}&=0,
\end{aligned}$$

aus welchem folgt:

$$\left.\begin{aligned}
\frac{\partial\xi}{\partial p}&=\sqrt{H}(\varkappa_2\cos\tau+\varkappa_1\sin\tau),\\
\frac{\partial\eta}{\partial q}&=\sqrt{H}(\lambda_2\cos\tau+\lambda_1\sin\tau),\\
\frac{\partial\zeta}{\partial p}&=\sqrt{H}(\mu_2\cos\tau+\mu_1\sin\tau).
\end{aligned}\right\} \tag{12)}$$

Ebenso ergibt sich aus den Gleichungen:

$$\begin{aligned}
\varkappa_2\frac{\partial\xi}{\partial q}+\lambda_2\frac{\partial\eta}{\partial q}+\mu_2\frac{\partial\zeta}{\partial q}&=\sqrt{\Psi}\cos(\tau-\psi),\\
\varkappa_1\frac{\partial\xi}{\partial q}+\lambda_1\frac{\partial\eta}{\partial q}+\mu_1\frac{\partial\zeta}{\partial q}&=\sqrt{\Psi}\sin(\tau-\psi),\\
\xi\frac{\partial\xi}{\partial q}+\eta\frac{\partial\eta}{\partial q}+\zeta\frac{\partial\zeta}{\partial q}&=0,
\end{aligned}$$

das System:

$$\left.\begin{aligned}
\frac{\partial\xi}{\partial q}&=\sqrt{\Psi}(\varkappa_2\cos(\tau-\psi)+\varkappa_1\sin(\tau-\psi)),\\
\frac{\partial\eta}{\partial q}&=\sqrt{\Psi}(\lambda_2\cos(\tau-\psi)+\lambda_1\sin(\tau-\psi)),\\
\frac{\partial\zeta}{\partial q}&=\sqrt{\Psi}(\mu_2\cos(\tau-\psi)+\mu_1\sin(\tau-\psi)).
\end{aligned}\right\} \tag{13)}$$

Aus 12) und 13) erhält man:

$$\frac{\partial\xi}{\partial p}\frac{\partial\xi}{\partial q}+\frac{\partial\eta}{\partial p}\frac{\partial\eta}{\partial q}+\frac{\partial\zeta}{\partial p}\frac{\partial\zeta}{\partial q}=\sqrt{H}\sqrt{\Psi}\cos\psi,\text{ d.h.}$$

$$\cos\psi=\cos\overline{\psi}.$$

Bildet man nun mit Hülfe der Gleichungen 11) den Ausdruck:

$$\sin\tau\cos(\tau-\psi)-\cos\tau\sin(\tau-\psi),$$

so wird:

$$\sin\psi=\delta_5\,\delta_6\sin\overline{\psi}.$$

Es ist somit:

$$\psi=\delta_5\,\delta_6\,\overline{\psi}. \tag{14}$$

Die Gerade $(\varkappa_2, \lambda_2, \mu_2)$ steht auf der ersten, die Gerade $(\varkappa_1, \lambda_1, \mu_1)$ auf der zweiten der zum Strahl (ξ, η, ζ) gehörenden Hauptebenen senkrecht. Sobald daher das Vorzeichen von ψ bekannt ist, bestimmt τ die Stellung der beiden Hauptebenen und soll desshalb *Stellungswinkel* genannt werden.

Um in jedem Fall die Lage der vier in Rede stehenden Geraden kennen zu lernen, kann man die Tabellen im § 3 benutzen. Dabei sind unter 1, 2, 3, 4 bezügl. die positiven Theile der Geraden $\left(\frac{\frac{\partial\xi}{\partial p}}{\sqrt{H}}, \frac{\frac{\partial\eta}{\partial p}}{\sqrt{H}}, \frac{\frac{\partial\zeta}{\partial p}}{\sqrt{H}}\right)$, $\left(\frac{\frac{\partial\xi}{\partial q}}{\sqrt{\Psi}}, \frac{\frac{\partial\eta}{\partial q}}{\sqrt{\Psi}}, \frac{\frac{\partial\zeta}{\partial q}}{\sqrt{\Psi}}\right)$, $(\varkappa_2, \lambda_2, \mu_2)$, $(\varkappa_1, \lambda_1, \mu_1)$ zu verstehen, und anstatt σ, φ, δ_2, δ_3 ist der Reihe nach τ, ψ, δ_5, δ_6 zu nehmen.

Setzt man die Werthe von $\varkappa_1\,..\,\varkappa_2\,..$ in die Gleichungen 11) ein, so folgt:

$$\left.\begin{aligned}\sqrt{H}\cos\tau&=\frac{H+\Phi\mathfrak{t}_1}{V_1}, & \sqrt{\Psi}\cos(\tau-\psi)&=\frac{\Phi+\Psi\mathfrak{t}_1}{V_1},\\ \sqrt{H}\sin\tau&=\frac{H+\Phi\mathfrak{t}_2}{V_2}, & \sqrt{\Psi}\sin(\tau-\psi)&=\frac{\Phi+\Psi\mathfrak{t}_2}{V_2}.\end{aligned}\right\} \tag{15}$$

Hieraus erhält man mit Hülfe von 4):

$$\left.\begin{aligned}H\cos^2\tau&=\frac{\mathfrak{t}_2(H+\Phi\mathfrak{t}_1)}{\mathfrak{t}_2-\mathfrak{t}_1}, & \Psi\cos^2(\tau-\psi)&=\frac{\Phi+\Psi\mathfrak{t}_1}{\mathfrak{t}_1-\mathfrak{t}_2},\\ H\sin^2\tau&=\frac{\mathfrak{t}_1(H+\Phi\mathfrak{t}_2)}{\mathfrak{t}_1-\mathfrak{t}_2}, & \Psi\sin^2(\tau-\psi)&=\frac{\Phi+\Psi\mathfrak{t}_2}{\mathfrak{t}_2-\mathfrak{t}_1},\end{aligned}\right\} \tag{16}$$

sodann unter Benutzung von 6):

$$\left.\begin{aligned}H\cos^2\tau&=\frac{e+Hr_2}{r_2-r_1}, & \Psi\cos^2(\tau-\psi)&=\frac{g+\Psi r_2}{r_2-r_1},\\ H\sin^2\tau&=\frac{e+Hr_1}{r_1-r_2}, & \Psi\sin^2(\tau-\psi)&=\frac{g+\Psi r_1}{r_1-r_2}.\end{aligned}\right\} \tag{17}$$

Jetzt ergeben sich die gesuchten Ausdrücke von ϑ_1 und ϑ_2 in der Form:

$$\left.\begin{aligned}\vartheta_1 &= (\sqrt{H}\cos\tau\, dp + \sqrt{\Psi}\cos(\tau-\psi)\, dq)^2,\\ \vartheta_2 &= (\sqrt{H}\sin\tau\, dp + \sqrt{\Psi}\sin(\tau-\psi)\, dq)^2.\end{aligned}\right\} \qquad 18)$$

Hier legen wir wie früher der Grösse $\sqrt{H}$ das Vorzeichen von $\frac{\partial\zeta}{\partial p}$, $\sqrt{\Psi}$ das von $\frac{\partial\zeta}{\partial q}$ bei. Dann folgt:

$$\vartheta_1 + \vartheta_2 = H dp^2 + 2\Phi\, dp\, dq + \Psi dq^2$$

und man erhält aus der Vergleichung von 1) und 10):

$$r_1(\sqrt{H}\cos\tau\, dp + \sqrt{\Psi}\cos(\tau-\psi)dq)^2 + r_2(\sqrt{H}\sin\tau\, dp + \sqrt{\Psi}\sin(\tau-\psi)dq)^2$$
$$= -(e dp^2 + (f+f')\, dp\, dq + g\, dq)^2,$$

woraus sich die gesuchten, fundamentalen Beziehungen in der Form ergeben:

$$\left.\begin{aligned} e &= -H(r_1\cos^2\tau + r_2\sin^2\tau),\\ f+f' &= -2\sqrt{H}\sqrt{\Psi}(r_1\cos\tau\cos(\tau-\psi) + r_2\sin\tau\sin(\tau-\psi)),\\ g &= -\Psi(r_1\cos^2(\tau-\psi) + r_2\sin^2(\tau-\psi)).\end{aligned}\right\} \qquad 19)$$

§ 15.

Gehen wir nun zu der Aufgabe über, die Differentiale dx, dy, dz durch die Grössen X, Y, Z, ξ, η, ζ, r_1, r_2, τ und ψ auszudrücken. Hierbei ist vorauszusetzen, dass es möglich sei, die Functionen e, f, f' und g durch diese Grössen darzustellen. In allen Fällen, in denen der Ausdruck $Mi - Lk$ von dem Ausdruck $Nh - Mi'$ verschieden ist, was in sich begreift, dass die Fläche (x, y, z) nicht abwickelbar sein darf, wird die Gleichung 9) § 13 in Verbindung mit 19) des vorigen Paragraphen eine solche Darstellung ermöglichen.

Meistens aber sind die betrachteten Strahlensysteme durch eine besondere Eigenschaft ausgezeichnet, die sich in eine lineare Relation zwischen den Grössen e, f, f' und g mit constanten Coeffizienten kleiden lässt. Alsdann kann man diese Relation in Verbindung mit 19) § 14 zu unserem Zweck benutzen, ohne auf die Gleichung 9) § 13 Rücksicht zu nehmen. In solchen Fällen ist auch die Abwickelbarkeit der Fläche (x, y, z) nicht ausgeschlossen. Bei den Strahlensystemen z. B., welche die Eigenschaft haben, das Normalensystem einer Fläche zu sein, besteht die Gleichung $f = f'$, während die Gleichung $e + g - f + f' = 0$ bei den im folgenden Capitel zu betrachtenden Strahlensystemen auftritt.

Unter der gemachten Voraussetzung über die Grössen e, f, f', g kann man nun, um die gesuchte Darstellung von dx, dy, dz zu erhalten, das System:

$$\left.\begin{aligned} & dx\; X + dy\; Y + dz\; Z = 0\,, \\ & dx \frac{\partial \xi}{\partial p} + dy \frac{\partial \eta}{\partial p} + dz \frac{\partial \zeta}{\partial p} = e\, dp + f\, dq\,, \\ & dx \frac{\partial \xi}{\partial q} + dy \frac{\partial \eta}{\partial q} + dz \frac{\partial \zeta}{\partial q} = f'\, dp + g\, dq \end{aligned}\right\} \qquad 1)$$

anwenden, es empfiehlt sich aber anstatt dieses Systems ein anderes zu benutzen, welches aus ihm auf bestimmte Weise entspringt.

Die Gleichungen 15) des vorigen Paragraphen liefern unter Berücksichtigung der Relationen:

$$\Phi = \sqrt{H}\sqrt{\Psi} \cos\psi\,, \quad H\Psi - \Phi^2 = H\Psi \sin^2\psi$$

die Beziehungen:

$$\left.\begin{aligned} & \frac{1}{V_1} = -\frac{\sin(\tau - \psi)}{\sqrt{H}\sin\psi}\,, \quad \frac{\mathfrak{t}_1}{V_1} = \frac{\sin\tau}{\sqrt{\Psi}\sin\psi}\,, \\ & \frac{1}{V_2} = \frac{\cos(\tau - \psi)}{\sqrt{H}\sin\psi}\,, \quad \frac{\mathfrak{t}_2}{V_2} = -\frac{\cos\tau}{\sqrt{\Psi}\sin\psi}\,. \end{aligned}\right\} \qquad 2)$$

Multiplizirt man nun die zweite der Gleichungen 1) mit $\frac{1}{V_2}$, die dritte mit $\frac{\mathfrak{t}_2}{V_2}$ und addirt, so entsteht:

$$\begin{aligned} \varkappa_1\, dx + \lambda_1\, dy + \mu_1\, dz = & \left\{ e \frac{\cos(\tau-\psi)}{\sqrt{H}\sin\psi} - f' \frac{\cos\tau}{\sqrt{\Psi}\sin\psi} \right\} dp \\ & + \left\{ f \frac{\cos(\tau-\psi)}{\sqrt{H}\sin\psi} - g \frac{\cos\tau}{\sqrt{\Psi}\sin\psi} \right\} dq, \end{aligned}$$

multiplicirt man aber die zweite Gleichung in 1) mit $\frac{1}{V_1}$, die dritte mit $\frac{\mathfrak{t}_1}{V_1}$ und addirt, so entsteht:

$$\begin{aligned} \varkappa_2\, dx + \lambda_2\, dy + \mu_2\, dz = & \left\{ -e \frac{\sin(\tau-\psi)}{\sqrt{H}\sin\psi} + f' \frac{\sin\tau}{\sqrt{\Psi}\sin\psi} \right\} dp \\ & + \left\{ -f \frac{\sin(\tau-\psi)}{\sqrt{H}\sin\psi} + g \frac{\sin\tau}{\sqrt{\Psi}\sin\psi} \right\} dq. \end{aligned}$$

Wir führen nun die Abkürzungen ein:

$$\left.\begin{aligned} s_1 &= e \frac{\cos(\tau-\psi)}{\sqrt{H}\sin\psi} - f' \frac{\cos\tau}{\sqrt{\Psi}\sin\psi}\,, \\ s_2 &= f \frac{\cos(\tau-\psi)}{\sqrt{H}\sin\psi} - g \frac{\cos\tau}{\sqrt{\Psi}\sin\psi}\,, \\ s_3 &= -e \frac{\sin(\tau-\psi)}{\sqrt{H}\sin\psi} + f' \frac{\sin\tau}{\sqrt{\Psi}\sin\psi}\,, \\ s_4 &= -f \frac{\sin(\tau-\psi)}{\sqrt{H}\sin\psi} + g \frac{\sin\tau}{\sqrt{\Psi}\sin\psi}\,. \end{aligned}\right\} \qquad 3)$$

Dann wird das System 1) ersetzt durch das folgende:

$$\left.\begin{array}{l} X dx + Y dy + Z dz = 0, \\ \varkappa_1 dx + \lambda_1 dy + \mu_1 dz = s_1 dp + s_2 dq, \\ \varkappa_2 dx + \lambda_2 dy + \mu_2 dz = s_3 dp + s_4 dq. \end{array}\right\} \quad 4)$$

Nennen wir die Determinante von 4) J, so wird:

$$J = \delta_6 (X\xi + Y\eta + Z\zeta),$$

oder wenn wir den Winkel zwischen den positiven Theilen der beiden Geraden (X, Y, Z), (ξ, η, ζ) mit χ bezeichnen:

$$J = \delta_6 \cos \chi.$$

Welche geometrische Bedeutung hat nun das Verschwinden von J? Es sind in diesem Fall die Strahlen (ξ, η, ζ) sämmtlich Tangenten der Fläche (x, y, z) d. h. die letztere ist eine Brennfläche des Strahlensystems. Man kann dies auch leicht auf dem Wege der Rechnung erkennen. Nach der Bezeichnung des Herrn Baltzer (Theorie und Anwendung der Determinanten, 5. Aufl. § 6. 1) wird:

$$\begin{vmatrix} e & f \\ f' & g \end{vmatrix} = \begin{vmatrix} \frac{\partial x}{\partial p} & \frac{\partial y}{\partial p} & \frac{\partial z}{\partial p} \\ \frac{\partial x}{\partial q} & \frac{\partial y}{\partial q} & \frac{\partial z}{\partial q} \end{vmatrix} \begin{vmatrix} \frac{\partial \xi}{\partial p} & \frac{\partial \eta}{\partial p} & \frac{\partial \zeta}{\partial p} \\ \frac{\partial \xi}{\partial q} & \frac{\partial \eta}{\partial q} & \frac{\partial \zeta}{\partial q} \end{vmatrix} \quad \text{d. h.}$$

$$eg - ff' = P\Delta (X\xi + Y\eta + Z\zeta).$$

Die Gleichung: $eg - ff' = 0$ stellt aber die Bedingung dar, unter welcher die Strahlen des Systems als von einer Brennfläche desselben ausgehend betrachtet werden.

Wir haben daher der Fläche (x, y, z) die Beschränkung aufzulegen, keine Brennfläche des Strahlensystems zu sein.

Unter dieser Beschränkung erhält man aus 4) das System:

$$\left.\begin{array}{l} J dx = (s_1 dp + s_2 dq)(Z\lambda_2 - Y\mu_2) + (s_3 dp + s_4 dq)(Y\mu_1 - Z\lambda_1), \\ J dy = (s_1 dp + s_2 dq)(X\mu_2 - Z\varkappa_2) + (s_3 dp + s_4 dq)(Z\varkappa_1 - X\mu_1), \\ J dz = (s_1 dp + s_2 dq)(Y\varkappa_2 - X\lambda_2) + (s_3 dp + s_4 dq)(X\lambda_1 - Y\varkappa_1). \end{array}\right\} \quad 5)$$

Unter K_1 wollen wir nun den Winkel zwischen den positiven Theilen der Geraden (X, Y, Z) und $(\varkappa_1, \lambda_1, \mu_1)$ verstehen, hingegen unter K_2 den Winkel zwischen den positiven Theilen der Geraden (X, Y, Z) und $(\varkappa_2, \lambda_2, \mu_2)$.

Dann besteht das System:

$$\left.\begin{array}{l} X\xi + Y\eta + Z\zeta = \cos\chi, \\ X\varkappa_1 + Y\lambda_1 + Z\mu_1 = \cos K_1, \\ X\varkappa_2 + Y\lambda_2 + Z\mu_2 = \cos K_2, \end{array}\right\} \quad 6)$$

aus welchem sich ergibt:

$$\left.\begin{aligned} X &= \xi \cos\chi + \varkappa_1 \cos K_1 + \varkappa_2 \cos K_2, \\ Y &= \eta \cos\chi + \lambda_1 \cos K_1 + \lambda_2 \cos K_2, \\ Z &= \zeta \cos\chi + \mu_1 \cos K_1 + \mu_2 \cos K_2, \end{aligned}\right\} \quad 7)$$

und hieraus folgt:

$$\left.\begin{aligned} Z\lambda_2 - Y\mu_2 &= \delta_6 (\varkappa_1 \cos\chi - \xi \cos K_1), \\ X\mu_2 - Z\varkappa_2 &= \delta_6 (\lambda_1 \cos\chi - \eta \cos K_1), \\ Y\varkappa_2 - X\lambda_2 &= \delta_6 (\mu_1 \cos\chi - \zeta \cos K_1), \\ Y\mu_1 - Z\lambda_1 &= \delta_6 (\varkappa_2 \cos\chi - \xi \cos K_2), \\ Z\varkappa_1 - X\mu_1 &= \delta_6 (\lambda_2 \cos\chi - \eta \cos K_2), \\ X\lambda_1 - Y\varkappa_1 &= \delta_6 (\mu_2 \cos\chi - \zeta \cos K_2). \end{aligned}\right\} \quad 8)$$

Setzt man noch:

$$s_5 = \frac{s_1 \cos K_1 + s_3 \cos K_2}{\cos\chi}, \quad s_6 = \frac{s_2 \cos K_1 + s_4 \cos K_2}{\cos\chi}, \quad 9)$$

so geht unter Anwendung von 8) das System 5) in das folgende über:

$$\left.\begin{aligned} dx &= \{\varkappa_1 s_1 + \varkappa_2 s_3 - \xi s_5\}\, dp + \{\varkappa_1 s_2 + \varkappa_2 s_4 - \xi s_6\}\, dq, \\ dy &= \{\lambda_1 s_1 + \lambda_2 s_3 - \eta s_5\}\, dp + \{\lambda_1 s_2 + \lambda_2 s_4 - \eta s_6\}\, dq, \\ dz &= \{\mu_1 s_1 + \mu_2 s_3 - \zeta s_5\}\, dp + \{\mu_1 s_2 + \mu_2 s_4 - \zeta s_6\}\, dq. \end{aligned}\right\} \quad 10)$$

Erwägt man nun, dass aus den Gleichungen 12) und 13) des vorigen Paragraphen die Beziehungen:

$$\left.\begin{aligned} \varkappa_1 &= \frac{\partial\xi}{\partial p} \frac{\cos(\tau-\psi)}{\sqrt{H}\sin\psi} - \frac{\partial\xi}{\partial q} \frac{\cos\tau}{\sqrt{\Psi}\sin\psi}, \\ \lambda_1 &= \frac{\partial\eta}{\partial p} \frac{\cos(\tau-\psi)}{\sqrt{H}\sin\psi} - \frac{\partial\eta}{\partial q} \frac{\cos\tau}{\sqrt{\Psi}\sin\psi}, \\ \mu_1 &= \frac{\partial\zeta}{\partial p} \frac{\cos(\tau-\psi)}{\sqrt{H}\sin\psi} - \frac{\partial\zeta}{\partial q} \frac{\cos\tau}{\sqrt{\Psi}\sin\psi}, \\ \varkappa_2 &= -\frac{\partial\xi}{\partial p} \frac{\sin(\tau-\psi)}{\sqrt{H}\sin\psi} + \frac{\partial\xi}{\partial q} \frac{\sin\tau}{\sqrt{\Psi}\sin\psi}, \\ \lambda_2 &= -\frac{\partial\eta}{\partial p} \frac{\sin(\tau-\psi)}{\sqrt{H}\sin\psi} + \frac{\partial\eta}{\partial q} \frac{\sin\tau}{\sqrt{\Psi}\sin\psi}, \\ \mu_2 &= -\frac{\partial\zeta}{\partial p} \frac{\sin(\tau-\psi)}{\sqrt{H}\sin\psi} + \frac{\partial\zeta}{\partial q} \frac{\sin\tau}{\sqrt{\Psi}\sin\psi}, \end{aligned}\right\} \quad 11)$$

folgen, so sieht man, dass in der That dx, dy, dz durch X, Y, Z, ξ, η, ζ, r_1, r_2, τ und ψ dargestellt sind, und somit die im Eingange dieses Paragraphen gestellte Aufgabe gelöst ist.

§ 16.

Ziehen wir nun aus den Formeln 10) § 15 einige naheliegenden Folgerungen. Man erhält für die Grössen E, F, G, Θ, Θ', Θ'' die Ausdrücke:

$$E = s_1^2 + s_3^2 + s_5^2, \quad F = s_1 s_2 + s_3 s_4 + s_5 s_6, \quad G = s_2^2 + s_4^2 + s_6^2, \tag{1}$$

$$\left.\begin{aligned} -\Theta &= s_1 \Sigma \varkappa_1 \frac{\partial X}{\partial p} + s_3 \Sigma \varkappa_2 \frac{\partial X}{\partial p} - s_5 \Sigma \xi \frac{\partial X}{\partial p}, \\ -\Theta' &= s_1 \Sigma \varkappa_1 \frac{\partial X}{\partial q} + s_3 \Sigma \varkappa_2 \frac{\partial X}{\partial q} - s_5 \Sigma \xi \frac{\partial X}{\partial q}, \\ -\Theta' &= s_2 \Sigma \varkappa_1 \frac{\partial X}{\partial p} + s_4 \Sigma \varkappa_2 \frac{\partial X}{\partial p} - s_6 \Sigma \xi \frac{\partial X}{\partial p}, \\ -\Theta'' &= s_2 \Sigma \varkappa_1 \frac{\partial X}{\partial q} + s_4 \Sigma \varkappa_2 \frac{\partial X}{\partial q} - s_6 \Sigma \xi \frac{\partial X}{\partial q}. \end{aligned}\right\} \tag{2}$$

Hier ist das Summenzeichen Σ in einer leicht erkennbaren Erweiterung seiner Definition im § 4 gebraucht, sodass z. B.

$$\Sigma \varkappa_1 \frac{\partial X}{\partial p} = \varkappa_1 \frac{\partial X}{\partial p} + \lambda_1 \frac{\partial Y}{\partial p} + \mu_1 \frac{\partial Z}{\partial p}$$

wird. Ferner ergibt sich:

$$\left.\begin{aligned} e &= \sqrt{H}\,(s_1 \sin\tau + s_3 \cos\tau), \\ f &= \sqrt{H}\,(s_2 \sin\tau + s_4 \cos\tau), \\ f' &= \sqrt{\Psi}\,(s_1 \sin(\tau-\psi) + s_3 \cos(\tau-\psi)), \\ g &= \sqrt{\Psi}\,(s_2 \sin(\tau-\psi) + s_4 \cos(\tau-\psi)). \end{aligned}\right\} \tag{3}$$

$$\left.\begin{aligned} EG - F^2 &= \frac{(s_1 s_4 - s_2 s_3)^2}{\cos^2\chi}, \quad \Theta\Theta'' - \Theta'^2 = \frac{\delta_6 Q\,(s_1 s_4 - s_2 s_3)}{\cos\chi}, \\ eg - ff' &= (s_1 s_4 - s_2 s_3)\sqrt{H}\sqrt{\Psi}\sin\psi. \end{aligned}\right\} \tag{4}$$

Das Krümmungsmass in dem betrachteten Punkt der Fläche (x, y, z) nennen wir wie früher $\varkappa$, hingegen das Dichtigkeitsmass des Strahlensystems in demselben Punkt ϑ. Man hat dann:

$$\left.\begin{aligned} \varkappa &= \frac{\Theta\Theta'' - \Theta'^2}{EG - F^2} = \frac{\delta_6 Q \cos\chi}{s_1 s_4 - s_2 s_3}, \\ \vartheta &= \frac{H\Psi - \Phi^2}{eg - ff'} = \frac{\sqrt{H}\sqrt{\Psi}\sin\psi}{s_1 s_4 - s_2 s_3}, \end{aligned}\right\} \tag{5}$$

folglich:

$$\varkappa = \frac{\delta_6 Q \cos\chi}{\sqrt{H}\sqrt{\Psi}\sin\psi}\,\vartheta.$$

Nun ist aber nach 14) § 14:

$$\delta_6 \sin \psi = \delta_5 \sin \bar{\psi},$$

und nach § 12:

$$\delta_5 \sqrt{H} \sqrt{\Psi} \sin \bar{\psi} = \Delta.$$

Man erhält daher:

$$\varkappa = \frac{Q}{\Delta} \vartheta \cos \chi. \tag{6}$$

Sind die Strahlen des Systems normal zur Fläche (x, y, z), so wird:

$$X = \xi, \; Y = \eta, \; Z = \zeta, \; \cos \chi = 1, \; Q = \Delta,$$

und es ist dann wie bekannt das Dichtigkeitsmass identisch mit dem Krümmungsmass.

Im Anschluss an diese Entwickelungen wollen wir die Transformation unserer Grössen betrachten.

Wird statt p und q irgend ein anderes System von Variablen eingeführt, so ändern die Grössen $\varkappa_1, \lambda_1, \mu_1, \varkappa_2, \lambda_2, \mu_2, \xi, \eta, \zeta$, $\cos K_1$, $\cos K_2$, $\cos \chi$ ihre Werthe in Folge ihres geometrischen Charakters nicht, nur die Grössen s erleiden eine Veränderung. Um diese zu erkennen, nehmen wir an, dass die Gleichungen 10) des vorigen Paragraphen in den Variablen p_1 und q_1 gebildet seien, wo dann an Stelle von s geschrieben werden möge s', so dass z. B. die erste dieser Gleichungen die Gestalt:

$$dx = \{\varkappa_1 s'_1 + \varkappa_2 s'_3 - \xi s'_5\} \, dp_1 + \{\varkappa_1 s'_2 + \varkappa_2 s'_4 - \xi s'_6\} \, dq_1 \tag{7}$$

annimmt. Betrachten wir nun die Variabeln p_1 und q_1 als Functionen der neuen Veränderlichen p und q, — wobei jedoch die Functionaldeterminante $\frac{\partial p_1}{\partial p} \frac{\partial q_1}{\partial q} - \frac{\partial p_1}{\partial q} \frac{\partial q_1}{\partial p}$ nicht verschwinden darf — so entsteht statt 7):

$$\left.\begin{aligned} dx = & \left\{\varkappa_1 s'_1 + \varkappa_2 s'_3 - \xi s'_5\right\} \left\{\frac{\partial p_1}{\partial p} dp + \frac{\partial p_1}{\partial q} dq\right\} \\ & + \left\{\varkappa_1 s'_2 + \varkappa_2 s'_4 - \xi s'_6\right\} \left\{\frac{\partial q_1}{\partial p} dp + \frac{\partial q_1}{\partial q} dq\right\}. \end{aligned}\right\} \tag{8}$$

Die Vergleichung von 10) § 15 und 8) liefert nun die Beziehungen:

$$\left.\begin{aligned} s_1 &= s'_1 \frac{\partial p_1}{\partial p} + s'_2 \frac{\partial q_1}{\partial p}, \quad s_2 = s'_1 \frac{\partial p_1}{\partial q} + s'_2 \frac{\partial q_1}{\partial q}, \\ s_3 &= s'_3 \frac{\partial p_1}{\partial p} + s'_4 \frac{\partial q_1}{\partial p}, \quad s_4 = s'_3 \frac{\partial p_1}{\partial q} + s'_4 \frac{\partial q_1}{\partial q}, \\ s_5 &= s'_5 \frac{\partial p_1}{\partial p} + s'_6 \frac{\partial q_1}{\partial p}, \quad s_6 = s'_5 \frac{\partial p_1}{\partial q} + s'_6 \frac{\partial q_1}{\partial q}. \end{aligned}\right\} \tag{9}$$

Dieselben hätte man auch mit Hülfe der folgenden Transformationsformeln herleiten können.

Setzt man in H, Φ, Ψ, e, f, f', g, τ und ψ statt p die Variable p_1, statt q die Variable q_1, so mögen diese Grössen der Reihe nach in H_1, Φ_1, Ψ_1, e_1, f_1, f'_1, g_1, τ_1 und ψ_1 übergehen. Dann wird:

$$\left.\begin{aligned}
H &= H_1\left(\frac{\partial p_1}{\partial p}\right)^2 + 2\,\Phi_1\frac{\partial p_1}{\partial p}\frac{\partial q_1}{\partial p} + \Psi_1\left(\frac{\partial q_1}{\partial p}\right)^2,\\
\Phi &= H_1\frac{\partial p_1}{\partial p}\frac{\partial p_1}{\partial q} + \Phi_1\left(\frac{\partial p_1}{\partial p}\frac{\partial q_1}{\partial q} + \frac{\partial p_1}{\partial q}\frac{\partial q_1}{\partial p}\right) + \Psi_1\frac{\partial q_1}{\partial p}\frac{\partial q_1}{\partial q},\\
\Psi &= H_1\left(\frac{\partial p_1}{\partial q}\right)^2 + 2\,\Phi_1\frac{\partial p_1}{\partial q}\frac{\partial q_1}{\partial q} + \Psi_1\left(\frac{\partial q_1}{\partial q}\right)^2,
\end{aligned}\right\}\quad 9)$$

$$\left.\begin{aligned}
e &= e_1\left(\frac{\partial p_1}{\partial p}\right)^2 + (f_1+f'_1)\frac{\partial p_1}{\partial p}\frac{\partial q_1}{\partial p} + g_1\left(\frac{\partial q_1}{\partial p}\right)^2,\\
f &= e_1\frac{\partial p_1}{\partial p}\frac{\partial p_1}{\partial q} + f_1\frac{\partial p_1}{\partial p}\frac{\partial q_1}{\partial q} + f'_1\frac{\partial p_1}{\partial q}\frac{\partial q_1}{\partial p} + g_1\frac{\partial q_1}{\partial p}\frac{\partial q_1}{\partial q},\\
f' &= e_1\frac{\partial p_1}{\partial p}\frac{\partial p_1}{\partial q} + f_1\frac{\partial p_1}{\partial q}\frac{\partial q_1}{\partial p} + f'_1\frac{\partial p_1}{\partial p}\frac{\partial q_1}{\partial q} + g_1\frac{\partial q_1}{\partial p}\frac{\partial q_1}{\partial q},\\
g &= e_1\left(\frac{\partial p_1}{\partial q}\right)^2 + (f_1+f'_1)\frac{\partial p_1}{\partial q}\frac{\partial q_1}{\partial q} + g_1\left(\frac{\partial q_1}{\partial q}\right)^2,
\end{aligned}\right\}\quad 10)$$

$$\left.\begin{aligned}
\sqrt{H}\cos\tau &= \sqrt{H_1}\cos\tau_1\frac{\partial p_1}{\partial p} + \sqrt{\Psi_1}\cos(\tau_1-\psi_1)\frac{\partial q_1}{\partial p},\\
\sqrt{\Psi}\cos(\tau-\psi) &= \sqrt{H_1}\cos\tau_1\frac{\partial p_1}{\partial q} + \sqrt{\Psi_1}\cos(\tau_1-\psi_1)\frac{\partial q_1}{\partial q},\\
\sqrt{H}\sin\tau &= \sqrt{H_1}\sin\tau_1\frac{\partial p_1}{\partial p} + \sqrt{\Psi_1}\sin(\tau_1-\psi_1)\frac{\partial q_1}{\partial p},\\
\sqrt{\Psi}\sin(\tau-\psi) &= \sqrt{H_1}\sin\tau_1\frac{\partial p_1}{\partial q} + \sqrt{\Psi_1}\sin(\tau_1-\psi_1)\frac{\partial q_1}{\partial q},\\
\sqrt{H}\sqrt{\Psi}\sin\psi &= \sqrt{H_1}\sqrt{\Psi_1}\sin\psi_1\left(\frac{\partial p_1}{\partial p}\frac{\partial q_1}{\partial q} - \frac{\partial p_1}{\partial q}\frac{\partial q_1}{\partial p}\right).
\end{aligned}\right\}\quad 11)$$

Hier besitzt $\sqrt{H}$ das Vorzeichen von $\frac{\partial\zeta}{\partial p_1}\frac{\partial p_1}{\partial p} + \frac{\partial\zeta}{\partial q_1}\frac{\partial q_1}{\partial p}$, $\sqrt{\Psi}$ dasjenige von $\frac{\partial\zeta}{\partial p}\frac{\partial p_1}{\partial q} + \frac{\partial\zeta}{\partial q_1}\frac{\partial q_1}{\partial q}$.

§ 17.

Nachdem wir im § 15 gesehen haben, dass unter den gemachten Voraussetzungen sich die Differentiale dx, dy, dz durch X, Y, Z, ξ, η, ζ, r_1, r_2, τ und ψ ausdrücken lassen, können wir jetzt umgekehrt diese Grössen als solche reelle Functionen der Variabeln p und q gegeben annehmen, welche sich für einen gewissen Werthbereich dieser Variabeln regulär verhalten und die Eigenschaft haben, dass:

$$X^2+Y^2+Z^2=1,\ \xi^2+\eta^2+\zeta^2=1,$$
$$r_1>r_2,\ H\Psi-\Phi^2>0,$$

wird, dass ferner Z, ζ und die nach 11) § 15 gebildeten Ausdrücke μ_1 und μ_2 positiv sind. Dann kann man nach den Bedingungen der Existenz eines Strahlensystems fragen, für welches obige Functionen dieselbe geometrische Bedeutung haben wie früher. Oder mit andern Worten: Wenn obige Grössen gegeben sind, lassen sich dann drei Functionen x, y, z von p und q bestimmen, welche als die Coordinaten einer Fläche mit folgenden Eigenschaften betrachtet werden können. Legt man durch jeden Flächenpunkt (x, y, z) den zugehörigen Strahl (ξ, η, ζ), so sind für das entstehende Strahlensystem: 1) X, Y, Z die Richtungscosinus der Normalen der Fläche; 2) r_1 und r_2 die Abscissen der Grenzpunkte der kürzesten Abstände des Strahls (ξ, η, ζ) von seinen benachbarten Strahlen, vorausgesetzt, dass die Abscissen von der Fläche aus gerechnet werden; 3) τ ist im früheren Sinne als Stellungswinkel anzusehen.

Zur Beantwortung dieser Frage ist zunächst anzunehmen, dass man mit Hülfe der Gleichungen 19) § 14 unter Hinzunahme von 9) § 13 oder von einer sonst gegebenen Beziehung zwischen e, f, f' und g diese Grössen durch X, Y, Z, ξ, η, ζ, r_1, r_2, τ und ψ darstellen könne. Dann ist man im Stande die Ausdrücke für dx, dy, dz nach 10) § 15 zu bilden. Sind nun die Integrabilitätsbedingungen dieser Ausdrücke erfüllt, so liefert die Integration der letzteren eine bestimmte Fläche (x, y, z), welche mit den Geraden (ξ, η, ζ) ein Strahlensystem festlegt. Je nachdem nun für dieses System die gegebenen Stücke die verlangte geometrische Bedeutung haben oder nicht, wird die gestellte Frage zu bejahen oder zu verneinen sein. Es wird sich zeigen, dass das Bestehen der Integrabilitätsbedingungen allein die Bejahung unserer Frage nach sich zieht.

Unsere nächste Aufgabe ist daher die Integrabilitätsbedingungen der rechten Seiten der Gleichungen 10) § 15 aufzustellen.

Differenzirt man die Faktoren von dp in diesen Gleichungen nach q und setzt sie den entsprechenden nach p differenzirten Factoren von dq gleich, so erhalten die gesuchten Bedingungen die Form:

$$\left.\begin{aligned}
&\varkappa_1\left(\frac{\partial s_1}{\partial q}-\frac{\partial s_2}{\partial p}\right)+\varkappa_2\left(\frac{\partial s_3}{\partial q}-\frac{\partial s_4}{\partial p}\right)-\xi\left(\frac{\partial s_5}{\partial q}-\frac{\partial s_6}{\partial p}\right)\\
&+s_1\frac{\partial\varkappa_1}{\partial q}+s_3\frac{\partial\varkappa_2}{\partial q}-s_5\frac{\partial\xi}{\partial q}-s_2\frac{\partial\varkappa_1}{\partial p}-s_4\frac{\partial\varkappa_2}{\partial p}+s_6\frac{\partial\xi}{\partial p}=0,\\
&\lambda_1\left(\frac{\partial s_1}{\partial q}-\frac{\partial s_2}{\partial p}\right)+\lambda_2\left(\frac{\partial s_3}{\partial q}-\frac{\partial s_4}{\partial p}\right)-\eta\left(\frac{\partial s_5}{\partial q}-\frac{\partial s_6}{\partial p}\right)\\
&+s_1\frac{\partial\lambda_1}{\partial q}+s_3\frac{\partial\lambda_2}{\partial q}-s_5\frac{\partial\eta}{\partial q}-s_2\frac{\partial\lambda_1}{\partial p}-s_4\frac{\partial\lambda_2}{\partial p}+s_6\frac{\partial\eta}{\partial p}=0,\\
&\mu_1\left(\frac{\partial s_1}{\partial q}-\frac{\partial s_2}{\partial p}\right)+\mu_2\left(\frac{\partial s_3}{\partial q}-\frac{\partial s_4}{\partial p}\right)-\zeta\left(\frac{\partial s_5}{\partial q}-\frac{\partial s_6}{\partial p}\right)\\
&+s_1\frac{\partial\mu_1}{\partial q}+s_3\frac{\partial\mu_2}{\partial q}-s_5\frac{\partial\zeta}{\partial q}-s_2\frac{\partial\mu_1}{\partial p}-s_4\frac{\partial\mu_2}{\partial p}+s_6\frac{\partial\zeta}{\partial p}=0.
\end{aligned}\right\}\quad 1)$$

Multiplizirt man diese Gleichungen der Reihe nach mit $\varkappa_1, \lambda_1, \mu_1$, dann mit $\varkappa_2, \lambda_2, \mu_2$, endlich mit ξ, η, ζ und addirt jedesmal, so wird das System 1) durch das folgende ersetzt:

$$\left.\begin{aligned}
&\frac{\partial s_1}{\partial q}-\frac{\partial s_2}{\partial p}+s_3\Sigma\varkappa_1\frac{\partial\varkappa_2}{\partial q}-s_5\Sigma\varkappa_1\frac{\partial\xi}{\partial q}-s_4\Sigma\varkappa_1\frac{\partial\varkappa_2}{\partial p}+s_6\Sigma\varkappa_1\frac{\partial\xi}{\partial p}=0,\\
&\frac{\partial s_3}{\partial q}-\frac{\partial s_4}{\partial p}+s_1\Sigma\varkappa_2\frac{\partial\varkappa_1}{\partial q}-s_5\Sigma\varkappa_2\frac{\partial\xi}{\partial q}-s_2\Sigma\varkappa_2\frac{\partial\varkappa_1}{\partial p}+s_6\Sigma\varkappa_2\frac{\partial\xi}{\partial p}=0,\\
&\frac{\partial s_5}{\partial q}-\frac{\partial s_6}{\partial p}-s_1\Sigma\xi\frac{\partial\varkappa_1}{\partial q}-s_3\Sigma\xi\frac{\partial\varkappa_2}{\partial q}+s_2\Sigma\xi\frac{\partial\varkappa_1}{\partial p}+s_4\Sigma\xi\frac{\partial\varkappa_2}{\partial p}=0.
\end{aligned}\right\}\quad 2)$$

Aus den Beziehungen:

$$\Sigma\varkappa_1\varkappa_2=0,\quad \Sigma\varkappa_1\xi=0,\quad \Sigma\varkappa_2\xi=0,$$

folgt nun:

$$\begin{aligned}
&\Sigma\varkappa_2\frac{\partial\varkappa_1}{\partial q}=-\Sigma\varkappa_1\frac{\partial\varkappa_2}{\partial q},\quad \Sigma\varkappa_2\frac{\partial\varkappa_1}{\partial p}=-\Sigma\varkappa_1\frac{\partial\varkappa_2}{\partial p},\\
&\Sigma\xi\frac{\partial\varkappa_1}{\partial p}=-\Sigma\varkappa_1\frac{\partial\xi}{\partial p},\quad \Sigma\xi\frac{\partial\varkappa_1}{\partial q}=-\Sigma\varkappa_1\frac{\partial\xi}{\partial q},\\
&\Sigma\xi\frac{\partial\varkappa_2}{\partial p}=-\Sigma\varkappa_2\frac{\partial\xi}{\partial p},\quad \Sigma\xi\frac{\partial\varkappa_2}{\partial q}=-\Sigma\varkappa_2\frac{\partial\xi}{\partial q},
\end{aligned}$$

so dass man den Gleichungen 2) die Form geben kann:

$$\left.\begin{aligned}
&\frac{\partial s_1}{\partial q}-\frac{\partial s_2}{\partial p}+s_3\Sigma\varkappa_1\frac{\partial\varkappa_2}{\partial q}-s_5\Sigma\varkappa_1\frac{\partial\xi}{\partial q}-s_4\Sigma\varkappa_1\frac{\partial\varkappa_2}{\partial p}+s_6\Sigma\varkappa_1\frac{\partial\xi}{\partial p}=0,\\
&\frac{\partial s_3}{\partial q}-\frac{\partial s_4}{\partial p}-s_1\Sigma\varkappa_1\frac{\partial\varkappa_2}{\partial q}-s_5\Sigma\varkappa_2\frac{\partial\xi}{\partial q}+s_2\Sigma\varkappa_1\frac{\partial\varkappa_2}{\partial p}+s_6\Sigma\varkappa_2\frac{\partial\xi}{\partial p}=0,\\
&\frac{\partial s_5}{\partial q}-\frac{\partial s_6}{\partial p}+s_1\Sigma\varkappa_1\frac{\partial\xi}{\partial q}+s_3\Sigma\varkappa_2\frac{\partial\xi}{\partial q}-s_2\Sigma\varkappa_1\frac{\partial\xi}{\partial p}-s_4\Sigma\varkappa_2\frac{\partial\xi}{\partial p}=0.
\end{aligned}\right\}\quad 3)$$

Benutzt man nun die sich aus 11) § 14 ergebenden Formeln:

$$\left.\begin{array}{l} \Sigma \varkappa_2 \dfrac{\partial \xi}{\partial p} = \sqrt{H} \cos \tau, \quad \Sigma \varkappa_2 \dfrac{\partial \xi}{\partial q} = \sqrt{\Psi} \cos (\tau - \psi), \\ \Sigma \varkappa_1 \dfrac{\partial \xi}{\partial p} = \sqrt{H} \sin \tau, \quad \Sigma \varkappa_1 \dfrac{\partial \xi}{\partial q} = \sqrt{\Psi} \sin (\tau - \psi), \end{array}\right\} \quad 4)$$

und die Gleichungen 3) § 15, so nimmt die letzte Gleichung in 3) die Gestalt an:

$$\frac{\partial s_5}{\partial q} - \frac{\partial s_6}{\partial p} + f' - f = 0. \qquad 5)$$

Es soll nun gezeigt werden, dass diese Gleichung nichts weiter ist, als die Beziehung 9) § 13, vorausgesetzt, dass die beiden ersten Gleichungen in 3) bestehen.

Man hat zunächst nach der Definition der Grössen s_5 und s_6:

$$\frac{\partial s_5}{\partial q} - \frac{\partial s_6}{\partial p} = \left(\frac{\partial s_1}{\partial q} - \frac{\partial s_2}{\partial p}\right) \frac{\cos K_1}{\cos \chi} + \left(\frac{\partial s_3}{\partial q} - \frac{\partial s_4}{\partial p}\right) \frac{\cos K_2}{\cos \chi}$$
$$+ s_1 \frac{\partial \frac{\cos K_1}{\cos \chi}}{\partial q} - s_2 \frac{\partial \frac{\cos K_1}{\cos \chi}}{\partial p} + s_3 \frac{\partial \frac{\cos K_2}{\cos \chi}}{\partial q} - s_4 \frac{\partial \frac{\cos K_2}{\cos \chi}}{\partial p}.$$

Daher unter Anwendung der beiden ersten Gleichungen 3):

$$\frac{\partial s_5}{\partial q} - \frac{\partial s_6}{\partial p} = s_1 \left\{ \frac{\partial \frac{\cos K_1}{\cos \chi}}{\partial q} + \frac{\cos^2 K_1}{\cos^2 \chi} \Sigma \varkappa_1 \frac{\partial \xi}{\partial q} + \frac{\cos K_2}{\cos \chi} \Sigma \varkappa_1 \frac{\partial \varkappa_2}{\partial q} + \frac{\cos K_1 \cos K_2}{\cos^2 \chi} \Sigma \varkappa_2 \frac{\partial \xi}{\partial q} \right\}$$
$$- s_2 \left\{ \frac{\partial \frac{\cos K_1}{\cos \chi}}{\partial p} + \frac{\cos^2 K_1}{\cos^2 \chi} \Sigma \varkappa_1 \frac{\partial \xi}{\partial p} + \frac{\cos K_2}{\cos \chi} \Sigma \varkappa_1 \frac{\partial \varkappa_2}{\partial p} + \frac{\cos K_1 \cos K_2}{\cos^2 \chi} \Sigma \varkappa_2 \frac{\partial \xi}{\partial p} \right\}$$
$$+ s_3 \left\{ \frac{\partial \frac{\cos K_2}{\cos \chi}}{\partial p} - \frac{\cos K_1}{\cos \chi} \Sigma \varkappa_1 \frac{\partial \varkappa_2}{\partial q} + \frac{\cos^2 K_2}{\cos^2 \chi} \Sigma \varkappa_2 \frac{\partial \xi}{\partial q} + \frac{\cos K_1 \cos K_2}{\cos^2 \chi} \Sigma \varkappa_1 \frac{\partial \xi}{\partial q} \right\}$$
$$- s_4 \left\{ \frac{\partial \frac{\cos K_2}{\cos \chi}}{\partial p} - \frac{\cos K_1}{\cos \chi} \Sigma \varkappa_1 \frac{\partial \varkappa_2}{\partial p} + \frac{\cos^2 K_2}{\cos^2 \chi} \Sigma \varkappa_2 \frac{\partial \xi}{\partial p} + \frac{\cos K_1 \cos K_2}{\cos^2 \chi} \Sigma \varkappa_1 \frac{\partial \xi}{\partial p} \right\}.$$

Hierin soll der Coefficient von s_α mit S_α bezeichnet werden, so dass:

$$\frac{\partial s_5}{\partial q} - \frac{\partial s_6}{\partial p} = \sum_{\alpha=1}^{4} s_\alpha S_\alpha$$

wird.

Die Gleichungen 11) § 15 liefern nun:

$$\cos K_1 = \frac{\cos (\tau - \psi)}{\sqrt{H} \sin \psi} \Sigma X \frac{\partial \xi}{\partial p} - \frac{\cos \tau}{\sqrt{\Psi} \sin \psi} \Sigma X \frac{\partial \xi}{\partial q},$$
$$\cos K_2 = -\frac{\sin (\tau - \psi)}{\sqrt{H} \sin \psi} \Sigma X \frac{\partial \xi}{\partial p} + \frac{\sin \tau}{\sqrt{\Psi} \sin \psi} \Sigma X \frac{\partial \xi}{\partial q}.$$

Man erhält daher unter Benutzung von 4):

$$\cos K_1 \Sigma \varkappa_1 \frac{\partial \xi}{\partial q} + \cos K_2 \Sigma \varkappa_2 \frac{\partial \xi}{\partial q} = \Sigma X \frac{\partial \xi}{\partial q},$$

$$\cos K_1 \Sigma \varkappa_1 \frac{\partial \xi}{\partial p} + \cos K_2 \Sigma \varkappa_2 \frac{\partial \xi}{\partial p} = \Sigma X \frac{\partial \xi}{\partial p}.$$

Es wird somit:

$$S_1 = \frac{\partial \frac{\cos K_1}{\cos \chi}}{\partial q} + \frac{\cos K_1}{\cos^2 \chi} \Sigma X \frac{\partial \xi}{\partial q} + \frac{\cos K_2}{\cos \chi} \Sigma \varkappa_1 \frac{\partial \varkappa_2}{\partial q},$$

$$-S_2 = \frac{\partial \frac{\cos K_1}{\cos \chi}}{\partial p} + \frac{\cos K_1}{\cos^2 \chi} \Sigma X \frac{\partial \xi}{\partial p} + \frac{\cos K_2}{\cos \chi} \Sigma \varkappa_1 \frac{\partial \varkappa_2}{\partial p},$$

$$S_3 = \frac{\partial \frac{\cos K_2}{\cos \chi}}{\partial q} + \frac{\cos K_2}{\cos^2 \chi} \Sigma X \frac{\partial \xi}{\partial p} - \frac{\cos K_1}{\cos \chi} \Sigma \varkappa_1 \frac{\partial \varkappa_2}{\partial q},$$

$$-S_4 = \frac{\partial \frac{\cos K_2}{\cos \chi}}{\partial p} + \frac{\cos K_2}{\cos^2 \chi} \Sigma X \frac{\partial \xi}{\partial p} - \frac{\cos K_1}{\cos \chi} \Sigma \varkappa_1 \frac{\partial \varkappa_2}{\partial p}.$$

Aus den Formeln 7) § 15 folgt:

$$\Sigma X \frac{\partial \varkappa_1}{\partial p} = -\cos \chi \sqrt{H} \sin \tau - \cos K_2 \Sigma \varkappa_1 \frac{\partial \varkappa_2}{\partial p},$$

$$\Sigma X \frac{\partial \varkappa_1}{\partial q} = -\cos \chi \sqrt{\Psi} \sin (\tau - \psi) - \cos K_2 \Sigma \varkappa_1 \frac{\partial \varkappa_2}{\partial q},$$

$$\Sigma X \frac{\partial \varkappa_2}{\partial p} = -\cos \chi \sqrt{H} \cos \tau + \cos K_1 \Sigma \varkappa_1 \frac{\partial \varkappa_2}{\partial p},$$

$$\Sigma X \frac{\partial \varkappa_2}{\partial q} = -\cos \chi \sqrt{\Psi} \cos (\tau - \psi) + \cos K_1 \Sigma \varkappa_1 \frac{\partial \varkappa_2}{\partial q}.$$

Daher wird:

$$\frac{\partial \frac{\cos K_1}{\cos \chi}}{\partial q} = \frac{\cos \chi \Sigma \varkappa_1 \frac{\partial X}{\partial q} - \cos K_1 \Sigma \xi \frac{\partial X}{\partial q}}{\cos^2 \chi}$$

$$-\sqrt{\Psi} \sin (\tau - \psi) - \frac{\cos K_2}{\cos \chi} \Sigma \varkappa_1 \frac{\partial \varkappa_2}{\partial q} - \frac{\cos K_1}{\cos^2 \chi} \Sigma X \frac{\partial \xi}{\partial q},$$

$$\frac{\partial \frac{\cos K_1}{\cos \chi}}{\partial p} = \frac{\cos \chi \Sigma \varkappa_1 \frac{\partial X}{\partial p} - \cos K_1 \Sigma \xi \frac{\partial X}{\partial p}}{\cos^2 \chi}$$

$$-\sqrt{H} \sin \tau - \frac{\cos K_2}{\cos \chi} \Sigma \varkappa_1 \frac{\partial \varkappa_2}{\partial p} - \frac{\cos K_1}{\cos^2 \chi} \Sigma X \frac{\partial \xi}{\partial p},$$

$$\frac{\partial \dfrac{\cos K_2}{\cos \chi}}{\partial q} = \frac{\cos \chi \, \Sigma \, \varkappa_2 \dfrac{\partial X}{\partial q} - \cos K_2 \, \Sigma \, \xi \dfrac{\partial X}{\partial q}}{\cos^2 \chi}$$

$$- \sqrt{\Psi} \cos (\tau - \psi) + \frac{\cos K_1}{\cos \chi} \Sigma \, \varkappa_1 \frac{\partial \varkappa_2}{\partial q} - \frac{\cos K_2}{\cos^2 \chi} \Sigma \, X \frac{\partial \xi}{\partial q},$$

$$\frac{\partial \dfrac{\cos K_2}{\cos \chi}}{\partial p} = \frac{\cos \chi \, \Sigma \, \varkappa_2 \dfrac{\partial X}{\partial p} - \cos K_2 \, \Sigma \, \xi \dfrac{\partial X}{\partial p}}{\cos^2 \chi}$$

$$- \sqrt{H} \cos \tau + \frac{\cos K_1}{\cos \chi} \Sigma \, \varkappa_1 \frac{\partial \varkappa_2}{\partial p} - \frac{\cos K_2}{\cos^2 \chi} \Sigma \, X \frac{\partial \xi}{\partial p},$$

und es entsteht:

$$S_1 = \frac{\cos \chi \, \Sigma \, \varkappa_1 \dfrac{\partial X}{\partial q} - \cos K_1 \, \Sigma \, \xi \dfrac{\partial X}{\partial q}}{\cos^2 \chi} - \sqrt{\Psi} \sin (\tau - \psi),$$

$$- S_2 = \frac{\cos \chi \, \Sigma \, \varkappa_1 \dfrac{\partial X}{\partial p} - \cos K_1 \, \Sigma \, \xi \dfrac{\partial X}{\partial p}}{\cos^2 \chi} - \sqrt{H} \sin \tau,$$

$$S_3 = \frac{\cos \chi \, \Sigma \, \varkappa_2 \dfrac{\partial X}{\partial q} - \cos K_2 \, \Sigma \, \xi \dfrac{\partial X}{\partial q}}{\cos^2 \chi} - \sqrt{\Psi} \cos (\tau - \psi),$$

$$- S_4 = \frac{\cos \chi \, \Sigma \, \varkappa_2 \dfrac{\partial X}{\partial p} - \cos K_2 \, \Sigma \, \xi \dfrac{\partial X}{\partial p}}{\cos^2 \chi} - \sqrt{H} \cos \tau.$$

Man hat aber:

$$\cos \chi \, \Sigma \, \varkappa_1 \frac{\partial X}{\partial q} - \cos K_1 \, \Sigma \, \xi \frac{\partial X}{\partial q} = \left| \begin{matrix} X & Y & Z \\ \dfrac{\partial X}{\partial q} & \dfrac{\partial Y}{\partial q} & \dfrac{\partial Z}{\partial q} \end{matrix} \right\| \begin{matrix} \xi & \eta & \zeta \\ \varkappa_1 & \lambda_1 & \mu_1 \end{matrix} \right| = \delta_6 \, \Sigma \left(X \frac{\partial Y}{\partial q} - Y \frac{\partial X}{\partial q} \right) \mu_2,$$

$$= \frac{\delta_6}{Q} \Sigma \left(M \frac{\partial Z}{\partial q} - N \frac{\partial Z}{\partial p} \right) \mu_2 .$$

Daher:

$$\cos \chi \, \Sigma \, \varkappa_1 \frac{\partial X}{\partial q} - \cos K_1 \, \Sigma \, \xi \frac{\partial X}{\partial q} = \frac{\delta_6}{Q} \left(M \, \Sigma \, \varkappa_2 \frac{\partial X}{\partial q} - N \, \Sigma \, \varkappa_2 \frac{\partial X}{\partial p} \right).$$

Ebenso:

$$\cos \chi \, \Sigma \, \varkappa_1 \frac{\partial X}{\partial p} - \cos K_1 \, \Sigma \, \xi \frac{\partial X}{\partial p} = \frac{\delta_6}{Q} \left(L \, \Sigma \, \varkappa_2 \frac{\partial X}{\partial q} - M \, \Sigma \, \varkappa_2 \frac{\partial X}{\partial p} \right),$$

$$\cos \chi \, \Sigma \, \varkappa_2 \frac{\partial X}{\partial q} - \cos K_2 \, \Sigma \, \xi \frac{\partial X}{\partial q} = \frac{\delta_6}{Q} \left(N \, \Sigma \, \varkappa_1 \frac{\partial X}{\partial p} - M \, \Sigma \, \varkappa_1 \frac{\partial X}{\partial q} \right),$$

$$\cos \chi \, \Sigma \, \varkappa_2 \frac{\partial X}{\partial p} - \cos K_2 \, \Sigma \, \xi \frac{\partial X}{\partial p} = \frac{\delta_6}{Q} \left(M \, \Sigma \, \varkappa_1 \frac{\partial X}{\partial p} - L \, \Sigma \, \varkappa_1 \frac{\partial X}{\partial q} \right).$$

Es ergibt sich aber aus den letzten Definitionen des § 12 und aus 11) § 15:

$$\Sigma \varkappa_2 \frac{\partial X}{\partial q} = -i' \frac{\sin(\tau-\psi)}{\sqrt{H}\sin\psi} + k \frac{\sin\tau}{\sqrt{\Psi}\sin\psi},$$

$$\Sigma \varkappa_2 \frac{\partial X}{\partial p} = -h \frac{\sin(\tau-\psi)}{\sqrt{H}\sin\psi} + i \frac{\sin\tau}{\sqrt{\Psi}\sin\psi},$$

$$\Sigma \varkappa_1 \frac{\partial X}{\partial p} = h \frac{\cos(\tau-\psi)}{\sqrt{H}\sin\psi} - i \frac{\cos\tau}{\sqrt{\Psi}\sin\psi},$$

$$\Sigma \varkappa_1 \frac{\partial X}{\partial q} = i \frac{\cos(\tau-\psi)}{\sqrt{H}\sin\psi} - k \frac{\cos\tau}{\sqrt{\Psi}\sin\psi}.$$

Somit erhalten wir:

$$\begin{aligned}\frac{\partial s_5}{\partial q} - \frac{\partial s_6}{\partial p} = s_1\Big[\frac{\delta_6}{Q\cos^2\chi}\Big\{(Nh-Mi')\frac{\sin(\tau-\psi)}{\sqrt{H}\sin\psi} + (Mk-Ni)\frac{\sin\tau}{\sqrt{\Psi}\sin\psi}\Big\} - \sqrt{\Psi}\sin(\tau-\psi)\Big] \\ + s_2\Big[\frac{\delta_6}{Q\cos^2\chi}\Big\{(Li'-Mh)\frac{\sin(\tau-\psi)}{\sqrt{H}\sin\psi} + (Mi-Lk)\frac{\sin\tau}{\sqrt{\Psi}\sin\psi}\Big\} + \sqrt{H}\sin\tau\Big] \\ + s_3\Big[\frac{\delta_6}{Q\cos^2\chi}\Big\{(Nh-Mi')\frac{\cos(\tau-\psi)}{\sqrt{H}\sin\psi} + (Mk-Ni)\frac{\cos\tau}{\sqrt{\Psi}\sin\psi}\Big\} - \sqrt{\Psi}\cos(\tau-\psi)\Big] \\ + s_4\Big[\frac{\delta_6}{Q\cos^2\chi}\Big\{(Li'-Mh)\frac{\cos(\tau-\psi)}{\sqrt{H}\sin\psi} + (Mi-Lk)\frac{\cos\tau}{\sqrt{\Psi}\sin\psi}\Big\} + \sqrt{H}\cos\tau\Big].\end{aligned}$$

Berücksichtigt man nun die Gleichungen 3) § 15, so folgt:

$$\frac{\partial s_5}{\partial q} - \frac{\partial s_6}{\partial p} + f' - f$$

$$= \frac{1}{Q\varDelta\cos^2\chi}\{e(Mk-Ni) + f'(Nh-Mi') + f(Mi-Lk) + g(Li'-Mh)\}.$$

Es lässt sich daher in der That die Integrabilitätsbedingung 5) durch die Relation 9) § 13 ersetzen.

§ 18.

Gehen wir nun dazu über, die beiden ersten Integrabilitätsbedingungen in 3) § 17 umzuformen.

Aus 11) § 15 ergibt sich:

$$\Sigma \varkappa_1 \frac{\partial \varkappa_2}{\partial p} = \frac{\cos\tau\sin(\tau-\psi)}{\sin^2\psi}\Sigma \frac{\frac{\partial\xi}{\partial q}}{\sqrt{\Psi}} \frac{\partial}{\partial p}\frac{\frac{\partial\xi}{\partial p}}{\sqrt{H}} + \frac{\sin\tau\cos(\tau-\psi)}{\sin^2\psi}\Sigma \frac{\frac{\partial\xi}{\partial p}}{\sqrt{H}} \frac{\partial}{\partial p}\frac{\frac{\partial\xi}{\partial q}}{\sqrt{\Psi}}$$

$$-\sin\tau\frac{\partial}{\partial p}\frac{\sin(\tau-\psi)}{\sin\psi} + \sin(\tau-\psi)\frac{\partial}{\partial p}\frac{\sin\tau}{\sin\psi}.$$

Berücksichtigt man nun, dass:

$$\Sigma \frac{\frac{\partial \xi}{\partial q}}{\sqrt{\Psi}} \frac{\partial}{\partial p} \frac{\frac{\partial \xi}{\partial p}}{\sqrt{H}} = -\sin\psi \frac{\partial \psi}{\partial p} - \Sigma \frac{\frac{\partial \xi}{\partial p}}{\sqrt{H}} \frac{\partial}{\partial p} \frac{\frac{\partial \xi}{\partial q}}{\sqrt{\Psi}}$$

$$= -\sin\psi \frac{\partial \psi}{\partial p} - \frac{\frac{\partial \sqrt{H}}{\partial q} - \cos\psi \frac{\partial \sqrt{\Psi}}{\partial p}}{\sqrt{\Psi}}$$

ist, so kommt:

$$\Sigma \varkappa_1 \frac{\partial \varkappa_2}{\partial p} = -\frac{\partial (\tau - \psi)}{\partial p} + \frac{1}{\sin\psi} \frac{\frac{\partial \sqrt{H}}{\partial q} - \cos\psi \frac{\partial \sqrt{\Psi}}{\partial p}}{\sqrt{\Psi}}.$$

Ferner erhält man:

$$\Sigma \varkappa_1 \frac{\partial \varkappa_2}{\partial q} = \frac{\cos\tau \sin(\tau-\psi)}{\sin^2\psi} \Sigma \frac{\frac{\partial \xi}{\partial q}}{\sqrt{\Psi}} \frac{\partial}{\partial q} \frac{\frac{\partial \xi}{\partial p}}{\sqrt{H}} + \frac{\sin\tau \cos(\tau-\psi)}{\sin^2\psi} \Sigma \frac{\frac{\partial \xi}{\partial p}}{\sqrt{H}} \frac{\partial}{\partial q} \frac{\frac{\partial \xi}{\partial q}}{\sqrt{\Psi}}$$

$$-\sin\tau \frac{\partial}{\partial q} \frac{\sin(\tau-\psi)}{\sin\psi} + \sin(\tau-\psi) \frac{\partial}{\partial q} \frac{\sin\tau}{\sin\psi}.$$

Hier wird:

$$\Sigma \frac{\frac{\partial \xi}{\partial p}}{\sqrt{H}} \frac{\partial}{\partial q} \frac{\frac{\partial \xi}{\partial q}}{\sqrt{\Psi}} = -\sin\psi \frac{\partial \psi}{\partial q} - \Sigma \frac{\frac{\partial \xi}{\partial q}}{\sqrt{\Psi}} \frac{\partial}{\partial q} \frac{\frac{\partial \xi}{\partial p}}{\sqrt{H}}$$

$$= -\sin\psi \frac{\partial \psi}{\partial q} - \frac{\frac{\partial \sqrt{\Psi}}{\partial p} - \cos\psi \frac{\partial \sqrt{H}}{\partial q}}{\sqrt{H}},$$

so dass:

$$\Sigma \varkappa_1 \frac{\partial \varkappa_2}{\partial q} = -\frac{\partial \tau}{\partial q} - \frac{1}{\sin\psi} \frac{\frac{\partial \sqrt{\Psi}}{\partial p} - \cos\psi \frac{\partial \sqrt{H}}{\partial q}}{\sqrt{H}}$$

ist.

Multipliziren wir nun die erste der Gleichungen 3) § 17 mit $i = \sqrt{-1}$ und addiren sie zur zweiten, so entsteht:

$$\frac{\partial (s_3 + i s_1)}{\partial q} - i (s_3 + i s_1) \left(\frac{\partial \tau}{\partial q} + \frac{\frac{\partial \sqrt{\Psi}}{\partial p} - \cos\psi \frac{\partial \sqrt{H}}{\partial q}}{\sqrt{H} \sin\psi} \right) - s_5 \sqrt{\Psi} e^{i(\tau-\psi)} =$$

$$\frac{\partial (s_4 + i s_2)}{\partial p} - i (s_4 + i s_2) \left(\frac{\partial (\tau - \psi)}{\partial p} - \frac{\frac{\partial \sqrt{H}}{\partial q} - \cos\psi \frac{\partial \sqrt{\Psi}}{\partial p}}{\sqrt{\Psi} \sin\psi} \right) - s_3 \sqrt{H} e^{i\tau}.$$

Wenn man hier noch mit $e^{-i\tau}$ multiplicirt, so werden die beiden ersten Integrabilitätsbedingungen in 3) § 17 durch die einzige Gleichung:

$$\left.\begin{aligned} &\frac{\partial\{(s_3+is_1)e^{-i\tau}\}}{\partial q} - i\,(s_3+is_1)e^{-i\tau}\,\frac{\frac{\partial\sqrt{\Psi}}{\partial p} - \cos\psi\,\frac{\partial\sqrt{H}}{\partial q}}{\sqrt{H}\sin\psi} - s_5\sqrt{\Psi}\,e^{-i\psi} = \\ &e^{-i\psi}\frac{\partial\{(s_4+is_2)e^{-i(\tau-\psi)}\}}{\partial p} + i(s_4+is_2)\,e^{-i\tau}\frac{\frac{\partial\sqrt{H}}{\partial q} - \cos\psi\,\frac{\partial\sqrt{\Psi}}{\partial p}}{\sqrt{\Psi}\sin\psi} - s_6\sqrt{H} \end{aligned}\right\}\quad 1)$$

zusammengefasst.

Es ergibt sich somit, dass die gesuchten Integrabilitätsbedingungen je nach den Umständen durch zwei oder drei Gleichungen dargestellt werden. Hat man bei der Bestimmung der Grössen e, f, f' und g durch die Grössen X, Y, Z, ξ, η, ζ, r_1, r_2, τ und ψ die Gleichung 9) § 13 benutzt, so werden die Integrabilitätsbedingungen durch 1) allein vertreten, sonst aber tritt die Gleichung 9) § 13 als noch zu erfüllende Relation auf, an deren Stelle man natürlich auch die Gleichung 5) § 17 anwenden kann.

Es werde nun vorausgesetzt, dass die Integrabilitätsbedingungen der Ausdrücke für dx, dy, dz in 10) § 15 erfüllt seien, und dass man durch Integration dieser Ausdrücke eine Fläche gefunden habe, welche mit ξ, η, ζ zusammen ein bestimmtes Strahlensystem festlegt. Wir zeigen jetzt, dass die Grössen X, Y, Z, r_1, r_2, τ und ψ für das letztere dieselbe geometrische Bedeutung haben, wie früher.

Zunächst sieht man, dass X, Y, Z die Richtungscosinus der Normalen der Fläche (x, y, z) sind, weil die Beziehung:

$$X dx + Y dy + Z dz = 0$$

erfüllt ist.

Ferner ergibt sich, dass:

$$\Sigma\frac{\partial x}{\partial p}\frac{\partial \xi}{\partial p} = e,\ \Sigma\frac{\partial x}{\partial q}\frac{\partial \xi}{\partial p} = f,\ \Sigma\frac{\partial x}{\partial p}\frac{\partial \xi}{\partial q} = f',\ \Sigma\frac{\partial x}{\partial q}\frac{\partial \xi}{\partial q} = g$$

wird.

Die Abscissen der Grenzpunkte der kürzesten Abstände nennen wir r'_1 und r'_2, wobei $r'_1 > r'_2$ sein möge. Die Richtungscosinus des zu r'_1 gehörenden kürzesten Abstandes seien $\varkappa'_1$, λ'_1, μ'_1 und die Richtungscosinus des zu r'_2 gehörenden $\varkappa'_2$, λ'_2, μ'_2. Um diese Grössen zu berechnen haben wir zuerst die Gleichung 3) § 14 zu bilden. Hier wird:

$$g\,\Phi - \frac{1}{2}(f+f')\,\Psi = -\sqrt{H}\,\sqrt{\Psi}\,\Psi\,\sin\psi\,\frac{\sin 2(\tau-\varphi)}{2}(r_1-r_2),$$
$$-(e\,\Psi - g\,H) = -H\,\Psi\sin\psi\sin(2\tau-\psi)(r_1-r_2),$$
$$\frac{1}{2}(f+f')\,H - e\,\Phi = -\sqrt{H}\,\sqrt{\Psi}\,H\sin\psi\,\frac{\sin 2\tau}{2}(r_1-r_2),$$

und jene Gleichung nimmt die Form an:

$$\Psi\sin(2\tau-2\psi)\,\mathfrak{t}^2 + 2\sqrt{H}\sqrt{\Psi}\sin(2\tau-\psi)\,\mathfrak{t} + H\sin 2\tau = 0.$$

Alsdann ergibt sich:

$$\mathfrak{t}_1 = -\frac{\sqrt{H}\,(\sin(2\tau-\psi)+\sin\psi)}{\sqrt{\Psi}\sin(2\tau-2\psi)} = -\frac{\sqrt{H}\sin\tau}{\sqrt{\Psi}\sin(\tau-\psi)},$$
$$\mathfrak{t}_2 = -\frac{\sqrt{H}\,(\sin(2\tau-\psi)-\sin\psi)}{\sqrt{\Psi}\sin(2\tau-2\psi)} = -\frac{\sqrt{H}\cos\tau}{\sqrt{\Psi}\cos(\tau-\psi)}.$$

Nach den Entwicklungen des § 14 muss nämlich, sofern r'_1 grösser ist als r'_2, die Differenz $\mathfrak{t}_1-\mathfrak{t}_2$ dasselbe Vorzeichen haben, wie $g\,\Phi - \frac{1}{2}(f+f')\,\Psi$. Es ist aber hier:

$$\mathfrak{t}_1-\mathfrak{t}_2 = -\frac{1}{2}\frac{\sqrt{H}}{\sqrt{\Psi}}\,\frac{\sin\psi}{\sin(2\tau-2\psi)}$$

und der rechts stehende Ausdruck hat, da r_1-r_2 positiv ist, dasselbe Vorzeichen wie der Ausdruck $-\sqrt{H}\sqrt{\Psi}\,\Psi\sin\psi\,\frac{\sin(2\tau-2\psi)}{2}(r_1-r_2)$.

Berechnet man nun die Grössen r'_1 und r'_2 nach 5) § 14, so folgt: $r'_1 = r_1$ und $r'_2 = r_2$.

Ferner ergibt sich:

$$V_1^2 = H\frac{\sin^2\psi}{\sin^2(\tau-\psi)}, \quad V_2^2 = H\frac{\sin^2\psi}{\cos^2(\tau-\psi)}.$$

Bezeichnet man daher mit ε_1 und ε_2 die positive oder negative Einheit, so wird:

$$V_1 = \varepsilon_1\sqrt{H}\frac{\sin\psi}{\sin(\tau-\psi)}, \quad V_2 = \varepsilon_2\sqrt{H}\frac{\sin\psi}{\cos(\tau-\psi)}$$

gesetzt werden können.

Dann folgt nach 7) § 14:

$$\varepsilon_2\,\varkappa'_1 = \frac{\partial\xi}{\partial p}\frac{\cos(\tau-\psi)}{\sqrt{H}\sin\psi} - \frac{\partial\xi}{\partial q}\frac{\cos\tau}{\sqrt{\Psi}\sin\psi},$$
$$\varepsilon_1\,\varkappa'_2 = \frac{\partial\xi}{\partial p}\frac{\sin(\tau-\psi)}{\sqrt{H}\sin\psi} - \frac{\partial\xi}{\partial q}\frac{\sin\tau}{\sqrt{\Psi}\sin\psi},$$
$$\varepsilon_2\,\lambda'_1 = \frac{\partial\eta}{\partial p}\frac{\cos(\tau-\psi)}{\sqrt{H}\sin\psi} - \frac{\partial\eta}{\partial q}\frac{\cos\tau}{\sqrt{\Psi}\sin\psi},$$
$$\varepsilon_1\,\lambda'_2 = \frac{\partial\eta}{\partial p}\frac{\sin(\tau-\psi)}{\sqrt{H}\sin\psi} - \frac{\partial\eta}{\partial q}\frac{\sin\tau}{\sqrt{\Psi}\sin\psi},$$

$$\varepsilon_2 \mu'_1 = \frac{\partial \zeta}{\partial p} \frac{\cos(\tau - \psi)}{\sqrt{H} \sin \psi} - \frac{\partial \zeta}{\partial q} \frac{\cos \tau}{\sqrt{\Psi} \sin \psi},$$
$$\varepsilon_1 \mu'_2 = \frac{\partial \zeta}{\partial p} \frac{\sin(\tau - \psi)}{\sqrt{H} \sin \psi} - \frac{\partial \zeta}{\partial q} \frac{\sin \tau}{\sqrt{\Psi} \sin \psi}.$$

Nun sind nach unseren Voraussetzungen über die Grössen τ und ψ die hier für $\varepsilon_2 \mu'_1$ und $\varepsilon_1 \mu'_2$ gefundenen Ausdrücke negativ, man hat daher ε_1 gleich 1, ε_2 gleich -1 zu nehmen, so dass sich ergibt:

$$\varkappa'_1 = \varkappa_1, \quad \lambda'_1 = \lambda_1, \quad \mu'_1 = \mu_1,$$
$$\varkappa'_2 = \varkappa_2, \quad \lambda'_2 = \lambda_2, \quad \mu'_2 = \mu_2.$$

Dann folgt aber:

$$\frac{\Sigma \varkappa_2 \frac{\partial \xi}{\partial p}}{\sqrt{H}} = \cos \tau, \quad \frac{\Sigma \varkappa_2 \frac{\partial \xi}{\partial q}}{\sqrt{\Psi}} = \cos(\tau - \psi),$$
$$\frac{\Sigma \varkappa_1 \frac{\partial \xi}{\partial p}}{\sqrt{H}} = \sin \tau, \quad \frac{\Sigma \varkappa_1 \frac{\partial \xi}{\partial q}}{\sqrt{\Psi}} = \sin(\tau - \psi),$$

somit haben auch τ und ψ dieselbe geometrische Bedeutung wie früher.

§ 19.

Es soll jetzt gezeigt werden, dass das im ersten Capitel behandelte Problem aus der Theorie der krummen Oberflächen einen besonderen Fall des zuletzt behandelten Problems aus der Theorie der geradlinigen Strahlensysteme bildet. Zu diesem Zweck nehmen wir an, dass die Strahlen (ξ, η, ζ) mit den Normalen (X, Y, Z) der Fläche (x, y, z) zusammenfallen, so dass:

$$\xi = X, \ \eta = Y, \ \zeta = Z,$$
$$H = L, \ \Phi = M, \ \Psi = N,$$
$$e = -\Theta, \ f = f' = -\Theta', \ g = -\Theta'',$$
$$h = L, \ \ i = i' = M, \ k = N,$$
$$\Delta = Q, \ \delta_5 = \delta_2, \ \overline{\psi} = \overline{\varphi}$$

wird. Unter diesen Voraussetzungen ist nun die Gleichung 9) § 13 identisch erfüllt, so dass damit auch die Integrabilitätsbedingung 5) § 17 fortfällt.

Die Grössen r_1 und r_2 werden nach 2) § 14 die Wurzeln der Gleichung:

$$(LN-M^2)r^2-(L\Theta''+N\Theta-2M\Theta')r+\Theta\Theta''-\Theta'^2=0. \qquad 1)$$

Man hat aber nach 4) § 13:

$$LN-M^2=\frac{(\Theta\Theta''-\Theta'^2)^2}{P^2},$$

und nach 3) § 13:

$$L\Theta''+N\Theta-2M\Theta'=\frac{\Theta\Theta''-\Theta'^2}{P^2}(G\Theta+E\Theta''-2F\Theta').$$

Daher geht die Gleichung 1) in die folgende über:

$$(\Theta\Theta''-\Theta'^2)r^2-(G\Theta+E\Theta''-2F\Theta')r+EG-F^2=0. \qquad 2)$$

Vergleicht man diese Beziehung mit 2) § 2 und berücksichtigt, dass $r_1 > r_2$ ist, so ergibt sich: $r_1=\varrho_1$, $r_2=\varrho_2$.

Nach 3) § 14 werden $\mathfrak{t}_1$ und $\mathfrak{t}_2$ die Wurzeln der Gleichung:

$$(M\Theta''-N\Theta')\mathfrak{t}^2-(N\Theta-L\Theta'')\mathfrak{t}+L\Theta'-M\Theta=0,$$

welche unter Benutzung von 3) § 13 die Gestalt annimmt:

$$(F\Theta''-G\Theta')\mathfrak{t}^2-(G\Theta-E\Theta'')\mathfrak{t}+E\Theta'-F\Theta=0. \qquad 3)$$

Auch hier möge vorausgesetzt werden, dass $F\Theta''-G\Theta'$ von Null verschieden ist. Man erhält nun:

$$g\Phi-\frac{1}{2}(f+f')\Psi=\frac{(\Theta\Theta''-\Theta'^2)(F\Theta''-G\Theta')}{P^2}=\varkappa(F\Theta''-G\Theta').$$

In Folge einer Bemerkung im § 14 ist daher für $\mathfrak{t}_1$ die grössere oder kleinere Wurzel von 3) zu setzen, je nachdem:

$$\varkappa(F\Theta''-G\Theta')\gtrless 0.$$

Dann folgt aber nach § 2, dass $\mathfrak{t}_1=t_1$, $\mathfrak{t}_2=t_2$ ist.

Für die Grössen $\varkappa_1\ldots\varkappa_2\ldots$ erhalten wir jetzt die Ausdrücke:

$$\varkappa_1=\frac{\frac{\partial X}{\partial p}+\frac{\partial X}{\partial q}t_2}{W_2},\quad \lambda_1=\frac{\frac{\partial Y}{\partial p}+\frac{\partial Y}{\partial q}t_2}{W_2},\quad \mu_1=\frac{\frac{\partial Z}{\partial p}+\frac{\partial Z}{\partial q}t_2}{W_2},$$

$$\varkappa_2=\frac{\frac{\partial X}{\partial p}+\frac{\partial X}{\partial q}t_1}{W_1},\quad \lambda_2=\frac{\frac{\partial Y}{\partial p}+\frac{\partial Y}{\partial q}t_1}{W_1},\quad \mu_2=\frac{\frac{\partial Z}{\partial p}+\frac{\partial Z}{\partial q}t_1}{W_1}.$$

Hier ist:

$$W_1=\sqrt{L+2Mt_1+Nt_1^2},$$
$$W_2=\sqrt{L+2Mt_2+Nt_2^2}$$

gesetzt.

Vergleicht man dieselben mit den Ausdrücken 3) § 7, so sieht man, dass:

$$\varkappa_1=A_2,\quad \lambda_1=B_2,\quad \mu_1=C_2,$$
$$\varkappa_2=A_1,\quad \lambda_2=B_1,\quad \mu_2=C_1$$

wird.

Nach 11) § 14 genügen jetzt die Grössen τ und ψ den Gleichungen:

$$\cos\tau = \frac{\Sigma A_1 \frac{\partial X}{\partial p}}{\sqrt{L}}, \quad \cos(\tau-\psi) = \frac{\Sigma A_1 \frac{\partial X}{\partial q}}{\sqrt{N}},$$

$$\sin\tau = \frac{\Sigma A_2 \frac{\partial X}{\partial p}}{\sqrt{L}}, \quad \sin(\tau-\psi) = \frac{\Sigma A_2 \frac{\partial Y}{\partial q}}{\sqrt{N}}.$$

Man erkennt dann nach 1) § 3, dass $\tau = \sigma$, $\psi = \varphi$ wird.

Die Definitionen 6) § 15 lehren nun, dass $\cos K_1$ und $\cos K_2$ verschwinden, wodurch nach 9) § 15 auch s_5 und s_6 zu Null werden.

Die Grössen s_1, s_2, s_3, s_4 genügen jetzt nach 3) § 15 folgenden Beziehungen:

$$s_1 = -\Theta \frac{\cos(\sigma-\varphi)}{\sqrt{L}\sin\varphi} + \Theta' \frac{\cos\sigma}{\sqrt{N}\sin\varphi}, \quad s_2 = -\Theta' \frac{\cos(\sigma-\varphi)}{\sqrt{L}\sin\varphi} + \Theta'' \frac{\cos\sigma}{\sqrt{N}\sin\varphi},$$

$$s_3 = \Theta \frac{\sin(\sigma-\varphi)}{\sqrt{L}\sin\varphi} - \Theta' \frac{\sin\sigma}{\sqrt{N}\sin\varphi}, \quad s_4 = \Theta' \frac{\sin(\sigma-\varphi)}{\sqrt{L}\sin\varphi} - \Theta'' \frac{\sin\sigma}{\sqrt{N}\sin\varphi}.$$

Benutzt man hier die drei letzten der Gleichungen 9) § 3, so entsteht:

$$s_1 = -\varrho_2 \sqrt{L}\sin\sigma, \quad s_2 = -\varrho_2\sqrt{N}\sin(\sigma-\varphi),$$

$$s_3 = -\varrho_1\sqrt{L}\cos\sigma, \quad s_4 = -\varrho_1\sqrt{N}\cos(\sigma-\varphi).$$

Unter Anwendung dieser Werthe geht nun 10) § 15 in 3) § 4 und 1) § 18 in 12) § 4 über.

Es ist daher in der That gezeigt, dass das im ersten Capitel behandelte Problem einen besondern Fall des im zweiten erörterten bildet.

III.

§ 20.

Im vorigen Capitel haben wir die Differentiale dx, dy, dz durch die Grössen X, Y, Z, ξ, η, ζ, r_1, r_2, τ und ψ unter der Voraussetzung ausgedrückt, dass man die Werthe von e, f, f' und g durch dieselben Grössen darstellen könne. Dabei sollte neben den Gleichungen 12) § 14 entweder die Gleichung 9) § 13 oder irgend eine andere durch die Natur des verlangten Strahlensystems vorgeschriebene Relation zwischen e, f, f' und g benutzt werden. Bei den Normalensystemen einer Fläche nahm die Beziehung 9) § 13 die einfache Form $f=f'$ an. Wir wollen jetzt eine Classe von Strahlensystemen betrachten, deren Eigenart die Beziehung: $e+g-f+f'=0$ hervorbringt, welch letztere nun keinen besonderen Fall der Gleichung 9) § 13 darstellt, so dass hier die Integrabilitätsbedingung 5) § 17 bestehen bleibt.

Wir bezeichnen mit x, y, z, x_1, y_1, z_1 reelle Functionen der beiden Veränderlichen p und q, mit U, V, W eindeutige analytische Functionen der complexen Veränderlichen $u=p+qi$ und setzen:

$$U=x+x_1 i,\quad V=y+y_1 i,\quad W=z+z_1 i.$$

Die complex conjugirte zu u sei $v=p-qi$. Ebenso seien U_1, V_1, W_1 bezüglich conjugirt zu U, V, W, so dass:

$$U_1=x-x_1 i,\quad V_1=y-y_1 i,\quad W_1=z-z_1 i.$$

Dann sind die Grössen x, y, z, x_1, y_1, z_1 durch die complexen conjugirten Variabeln u und v ausgedrückt mittels der Gleichungen:

$$x=\frac{1}{2}(U+U_1),\quad y=\frac{1}{2}(V+V_1),\quad z=\frac{1}{2}(W+W_1),$$

$$x_1=\frac{1}{2i}(U-U_1),\quad y_1=\frac{1}{2i}(V-V_1),\quad z=\frac{1}{2i}(W-W_1).$$

Die Grössen x, y, z betrachten wir nun als die Coordinaten einer Fläche, ebenso x_1, y_1, z_1 als Coordinaten einer zweiten Fläche, welche *eine verwandte Fläche* der ersteren heissen möge.

Zu einem bestimmten Werthepaar p, q, oder was dasselbe ist u, v, gehört nun sowohl auf der Fläche (x, y, z), wie auf der Fläche (x_1, y_1, z_1) ein bestimmter Punkt. Diese beiden Punkte sollen *entsprechende Punkte* heissen. Legt man durch je zwei entsprechende Punkte eine Gerade, so entsteht ein Strahlensystem von der zu betrachtenden Art. Ein solches soll *aus den drei erzeugenden Functionen* U, V, W *hergeleitet* genannt werden. Ebenso mögen U, V, W *erzeugende Functionen der Fläche* (x, y, z) heissen.

Zunächst sind die Bedingungen festzulegen, denen U, V, W genügen müssen, damit die Flächen (x, y, z) und (x_1, y_1, z_1) nicht in Curven ausarten. Hierzu ist erforderlich und hinreichend, dass die drei Determinanten:

$$A = \frac{\partial y}{\partial p}\frac{\partial z}{\partial q} - \frac{\partial y}{\partial q}\frac{\partial z}{\partial p}, \quad B = \frac{\partial z}{\partial p}\frac{\partial x}{\partial q} - \frac{\partial z}{\partial q}\frac{\partial x}{\partial p}, \quad C = \frac{\partial x}{\partial p}\frac{\partial y}{\partial q} - \frac{\partial x}{\partial q}\frac{\partial y}{\partial p}$$

und ebenso die drei Determinanten:

$$A' = \frac{\partial y_1}{\partial p}\frac{\partial z_1}{\partial q} - \frac{\partial y_1}{\partial q}\frac{\partial z_1}{\partial p}, \quad B' = \frac{\partial z_1}{\partial p}\frac{\partial x_1}{\partial q} - \frac{\partial z_1}{\partial q}\frac{\partial x_1}{\partial p},$$

$$C' = \frac{\partial x_1}{\partial p}\frac{\partial y_1}{\partial q} - \frac{\partial x_1}{\partial q}\frac{\partial y_1}{\partial p}$$

im Allgemeinen nicht gleichzeitig verschwinden:

Da nun:

$$\left.\begin{aligned}
\frac{\partial x}{\partial p} &= \frac{\partial x_1}{\partial q}, & \frac{\partial x}{\partial q} &= -\frac{\partial x_1}{\partial p},\\
\frac{\partial y}{\partial p} &= \frac{\partial y_1}{\partial q}, & \frac{\partial y}{\partial q} &= -\frac{\partial y_1}{\partial p},\\
\frac{\partial z}{\partial p} &= \frac{\partial z_1}{\partial q}, & \frac{\partial z}{\partial q} &= -\frac{\partial z_1}{\partial p},
\end{aligned}\right\} \quad 1)$$

so folgt:

$$A = A', \; B = B', \; C = C'.$$

Es brauchen daher nur die drei Grössen A, B, C nicht gleichzeitig zu verschwinden.

Man hat ferner:

$$\left.\begin{aligned}
\frac{\partial x}{\partial p} &= \frac{\partial x}{\partial u} + \frac{\partial x}{\partial v} = \frac{1}{2}\left(\frac{dU}{du} + \frac{dU_1}{dv}\right),\\
\frac{\partial y}{\partial p} &= \frac{\partial y}{\partial u} + \frac{\partial y}{\partial v} = \frac{1}{2}\left(\frac{dV}{du} + \frac{dV_1}{dv}\right),\\
\frac{\partial z}{\partial p} &= \frac{\partial z}{\partial u} + \frac{\partial z}{\partial v} = \frac{1}{2}\left(\frac{dW}{du} + \frac{dW_1}{dv}\right),
\end{aligned}\right\} \quad 2)$$

sowie:

$$\left.\begin{aligned} \frac{\partial x}{\partial q} &= i\left(\frac{\partial x}{\partial u}-\frac{\partial x}{\partial v}\right)=\frac{i}{2}\left(\frac{dU}{du}-\frac{dU_1}{dv}\right), \\ \frac{\partial y}{\partial q} &= i\left(\frac{\partial y}{\partial u}-\frac{\partial y}{\partial v}\right)=\frac{i}{2}\left(\frac{dV}{du}-\frac{dV_1}{dv}\right), \\ \frac{\partial z}{\partial q} &= i\left(\frac{\partial z}{\partial u}-\frac{\partial z}{\partial v}\right)=\frac{i}{2}\left(\frac{dW}{du}-\frac{dW_1}{dv}\right). \end{aligned}\right\} \tag{3}$$

Daher wird:

$$\left.\begin{aligned} A &= \frac{i}{2}\left(\frac{dV_1}{dv}\frac{dW}{du}-\frac{dV}{du}\frac{dW_1}{dv}\right), \\ B &= \frac{i}{2}\left(\frac{dW_1}{dv}\frac{dU}{du}-\frac{dW}{du}\frac{dU_1}{dv}\right), \\ C &= \frac{i}{2}\left(\frac{dU_1}{dv}\frac{dV}{du}-\frac{dU}{du}\frac{dV_1}{dv}\right). \end{aligned}\right\} \tag{4}$$

Von diesen drei Determinanten muss also mindestens eine im Allgemeinen von Null verschieden sein.

Die Werthe der Grössen ξ, η, ζ werden bestimmt durch die Gleichungen:

$$\xi=\frac{x_1-x}{R},\quad \eta=\frac{y_1-y}{R},\quad \zeta=\frac{z_1-z}{R}. \tag{5}$$

Hier ist $R=\sqrt{(x_1-x)^2+(y_1-y)^2+(z_1-z)^2}$ gesetzt, diese Wurzel mit dem Vorzeichen von z_1-z genommen.

Um die Werthe der Grössen H, Φ, Ψ kennen zu lernen, leiten wir aus 5) die Beziehungen ab:

$$\left.\begin{aligned} \frac{\partial\xi}{\partial p}&=\frac{1}{R}\left\{\frac{\partial(x_1-x)}{\partial p}-\xi\frac{\partial R}{\partial p}\right\}, & \frac{\partial\xi}{\partial q}&=\frac{1}{R}\left\{\frac{\partial(x_1-x)}{\partial q}-\xi\frac{\partial R}{\partial q}\right\}, \\ \frac{\partial\eta}{\partial p}&=\frac{1}{R}\left\{\frac{\partial(y_1-y)}{\partial p}-\eta\frac{\partial R}{\partial p}\right\}, & \frac{\partial\eta}{\partial q}&=\frac{1}{R}\left\{\frac{\partial(y_1-y)}{\partial q}-\eta\frac{\partial R}{\partial q}\right\}, \\ \frac{\partial\zeta}{\partial p}&=\frac{1}{R}\left\{\frac{\partial(z_1-z)}{\partial p}-\zeta\frac{\partial R}{\partial p}\right\}, & \frac{\partial\zeta}{\partial q}&=\frac{1}{R}\left\{\frac{\partial(z_1-z)}{\partial q}-\zeta\frac{\partial R}{\partial q}\right\}. \end{aligned}\right\} \tag{6}$$

Unter Benutzung von 1) entsteht dann:

$$\left.\begin{aligned} H&=\frac{1}{R}\Sigma\frac{\partial(x_1-x)}{\partial p}\frac{\partial\xi}{\partial p}=\frac{-1}{R}(e+f), \\ \Phi&=\frac{1}{R}\Sigma\frac{\partial(x_1-x)}{\partial p}\frac{\partial\xi}{\partial q}=\frac{-1}{R}(g+f'), \\ \Phi&=\frac{1}{R}\Sigma\frac{\partial(x_1-x)}{\partial q}\frac{\partial\xi}{\partial p}=\frac{1}{R}(e-f), \\ \Psi&=\frac{1}{R}\Sigma\frac{\partial(x_1-x)}{\partial q}\frac{\partial\xi}{\partial q}=\frac{1}{R}(f'-g). \end{aligned}\right\} \tag{7}$$

Aus der zweiten und dritten dieser Gleichungen folgt jetzt, dass die Relation:

$$e+g-f+f'=0 \tag{8}$$

erfüllt ist.

Die Gleichung 9) § 13 nun könnte sich nur dann auf die vorstehende Beziehung reduziren, wenn:

$$Mk-Ni=Lk-Mi=Nh-Mi'=Li'-Mh$$

wäre. Dann müssten aber nach 10) § 13 die Gleichungen:

$$\Theta''f'-\Theta'g=\Theta'f'-\Theta g=\Theta'f-\Theta''e=\Theta'e-\Theta f \tag{9}$$

bestehen.

Nun ist:

$$\frac{\partial^2 x}{\partial p^2}+\frac{\partial^2 x}{\partial q^2}=\frac{\partial^2 y}{\partial p^2}+\frac{\partial^2 y}{\partial q^2}=\frac{\partial^2 z}{\partial p^2}+\frac{\partial^2 z}{\partial q^2}=0,$$

und damit:

$$\Theta''=-\Theta,$$

so dass die Gleichungen 9) durch das System:

$$\Theta(f'-g)+\Theta'(g+f')=0,$$
$$\Theta(f-g)+\Theta'(g+f)=0,$$
$$\Theta(f'+e)+\Theta'(f'-e)=0$$

ersetzt werden können.

Wenn sich die Gleichung 9) § 13 nicht auf eine Identität reduzirt, d. h. wenn die Coeffizienten von e, f, f', g nicht gleichzeitig verschwinden, so muss, wie wir sahen, $\Theta\Theta''-\Theta'^2$ von Null verschieden sein, somit kann dann nicht $\Theta=\Theta'=0$ sein. Es müssen daher die Determinanten je zweier der vorstehenden Gleichungen verschwinden.

Man erhält auf diese Weise aus den beiden ersten Gleichungen die Beziehung:

$$g(f-f')=0,$$

und aus der ersten und dritten die Beziehung:

$$f'(f-f')=0.$$

Im folgenden Paragraphen wird sich aber zeigen, dass für $g=f'=0$ auch $H\Psi-\Phi^2$ gleich Null wird, dass ferner für $f=f'$ diese Differenz negativ ausfällt. Beide Fälle erweisen sich daher als unstatthaft.

Somit kann die Gleichung 9) § 13 nicht die Form:

$$e+g-f+f'=0$$

annehmen.

§ 21.

Wir schliessen, wie früher, den Fall $H\Psi - \Phi^2 = 0$ für den betrachteten Bereich der Variablen p und q aus.

Die Gleichungen 7) des vorigen Paragraphen liefern nun die Relation:

$$H\Psi - \Phi^2 = \frac{2}{R^2}(eg - ff'). \tag{1}$$

Dieselbe zeigt, dass g und f', ebenso e und f nicht gleichzeitig verschwinden können.

Wäre ferner $f = f'$, so würde nach 8) § 20 g gleich $-e$, und man erhielte für $H\Psi - \Phi^2$ einen negativen Werth. *Es haben daher unsere Strahlensysteme niemals die Eigenschaft, aus den Normalen einer Fläche zu bestehen.*

Eine zweite negative Eigenschaft unserer Strahlensysteme ist die, *niemals reale Brennflächen zu besitzen.*

Zum Beweise dieses Satzes rechnen wir hier wie im Folgenden die Abscissen der Punkte eines Strahls von der Fläche (x, y, z) aus. Die Abscissen der Brennpunkte P_1, P_2 des Strahls (ξ, η, ζ) sind dann die Wurzeln der Gleichung:

$$(H\Psi - \Phi^2)P^2 + (gH - (f + f')\Phi + e\Psi)P + eg - ff' = 0.$$

Unter Anwendung der Formeln 7) § 20 geht diese Gleichung in die folgende über:

$$P^2 - RP + \frac{R^2}{2} = 0, \text{ d. h.}$$

$$P_1 = \frac{R}{2}(1+i),\ P_2 = \frac{R}{2}(1-i). \tag{2}$$

Die Abscissen der Brennpunkte sind daher imaginär, und reale Brennflächen können nicht existiren.

In der Theorie der geradlinigen Strahlensysteme wird gezeigt, dass

$$P_1 + P_2 = r_1 + r_2$$

ist. Daher erhalten wir:

$$R = r_1 + r_2, \tag{3}$$

d. h. *R stellt die Summe der Abscissen der Grenzpunkte der kürzesten Abstände des Strahls (ξ, η, ζ) von seinen Nachbarn dar.*

Die Mittelpunktsfläche wird daher von den Mittelpunkten der Entfernungen entsprechender Punkte gebildet.

Dieser Umstand, dass zwei entsprechende Punkte von dem Schnittpunkte des durch sie hindurchgehenden Strahls mit der Mittelpunktsfläche gleich weit entfernt sind, dass also die beiden verwandten Flächen in gewissem Sinne symmetrisch zur Mittelpunktsfläche liegen, führt auf den Gedanken, die ganze Schaar von Flächen zu betrachten, welche in demselben Sinne symmetrisch zur Mittelpunktsfläche gelegen sind.

Diese Flächen entstehen auf folgende Weise. Man bezeichne mit m eine reelle Constante und trage auf jedem Strahl (ξ, η, ζ) von seinem Schnittpunkt mit der Mittelpunktsfläche aus die Strecke $\frac{mR}{2}$ auf, oder was dasselbe ist, man trage auf jedem Strahl (ξ, η, ζ) vom Punkte (x, y, z) aus die Strecke $\frac{1+m}{2}R$ auf.

Die Coordinaten der entstehenden Fläche werden dann:

$$\left.\begin{aligned} x_m &= \frac{1}{2}\left\{(1-m)x + (1+m)x_1\right\}, \\ y_m &= \frac{1}{2}\left\{(1-m)y + (1+m)y_1\right\}, \\ z_m &= \frac{1}{2}\left\{(1-m)z + (1+m)z_1\right\}. \end{aligned}\right| \qquad 4)$$

Diese und die zu $-m$ gehörende Fläche liegen offenbar in demselben Sinne symmetrisch zur Mittelpunktsfläche, wie die beiden verwandten Flächen. x_0, y_0, z_0 werden die Coordinaten der Mittelpunktsfläche, x_{-1}, y_{-1}, z_{-1} werden bezüglich gleich x, y, z.

Die Grössen x_m, y_m, z_m sind die reellen Theile dreier Functionen einer complexen Variabeln.

Bezeichnet man nämlich den reellen Theil einer solchen Function F mit $\Re(F)$, so wird:

$$\left.\begin{aligned} x_m &= \Re\left(\frac{1-im}{1+i}U\right) = \frac{1}{2}\left\{\frac{1-im}{1+i}U + \frac{1+im}{1-i}U_1\right\}, \\ y_m &= \Re\left(\frac{1-im}{1+i}V\right) = \frac{1}{2}\left\{\frac{1-im}{1+i}V + \frac{1+im}{1-i}V_1\right\}, \\ z_m &= \Re\left(\frac{1-im}{1+i}W\right) = \frac{1}{2}\left\{\frac{1-im}{1+i}W + \frac{1+im}{1-i}W_1\right\}. \end{aligned}\right| \qquad 5)$$

Die zu den einzelnen Werthen von m gehörenden Flächen zeichnen sich nun durch gewisse gemeinsame Eigenschaften aus, von denen wir die hauptsächlichsten anführen wollen. Dabei empfiehlt es sich, neben den reellen Variabeln p, q auch die complexen u und v anzuwenden.

Wir setzen:

$$\left.\begin{aligned}
A^{(m)} &= \frac{\partial y_m}{\partial p}\frac{\partial z_m}{\partial q} - \frac{\partial y_m}{\partial q}\frac{\partial z_m}{\partial p}, & \mathfrak{A}^{(m)} &= \frac{\partial y_m}{\partial u}\frac{\partial z_m}{\partial v} - \frac{\partial y_m}{\partial v}\frac{\partial z_m}{\partial u},\\
B^{(m)} &= \frac{\partial z_m}{\partial p}\frac{\partial x_m}{\partial q} - \frac{\partial z_m}{\partial q}\frac{\partial x_m}{\partial p}, & \mathfrak{B}^{(m)} &= \frac{\partial z_m}{\partial u}\frac{\partial x_m}{\partial v} - \frac{\partial z_m}{\partial v}\frac{\partial x_m}{\partial u},\\
C^{(m)} &= \frac{\partial x_m}{\partial p}\frac{\partial y_m}{\partial q} - \frac{\partial x_m}{\partial q}\frac{\partial y_m}{\partial p}, & \mathfrak{C}^{(m)} &= \frac{\partial x_m}{\partial u}\frac{\partial y_m}{\partial v} - \frac{\partial x_m}{\partial v}\frac{\partial y_m}{\partial u},
\end{aligned}\right\} \qquad 6)$$

so dass $A^{(-1)} = A$, $\mathfrak{A}^{(-1)} = \mathfrak{A}$ u. s. f. wird.

Alsdann ergeben sich die Beziehungen:

$$\left.\begin{aligned}
A^{(m)} &= \frac{1+m^2}{2}A, \quad B^{(m)} = \frac{1+m^2}{2}B, \quad C^{(m)} = \frac{1+m^2}{2}C,\\
\mathfrak{A}^{(m)} &= \frac{1+m^2}{2}\mathfrak{A}, \quad \mathfrak{B}^{(m)} = \frac{1+m^2}{2}\mathfrak{B}, \quad \mathfrak{C}^{(m)} = \frac{1+m^2}{2}\mathfrak{C},\\
A^{(m)} &= -2i\,\mathfrak{A}^{(m)}, \quad B^{(m)} = -2i\,\mathfrak{B}^{(m)}, \quad C^{(m)} = -2i\,\mathfrak{C}^{(m)}.
\end{aligned}\right\} \qquad 7)$$

Daraus schliesst man, *dass die den verschiedenen Werthen von m entsprechenden Flächen in den zu demselben Werthepaar p, q gehörenden Punkten, — die also alle auf demselben Strahl (ξ, η, ζ) liegen — parallele Normalen besitzen*, so dass die Grössen X, Y, Z für alle Flächen dieselben sind, wie auch m gewählt sein mag.

Ferner führen wir folgende Bezeichnungen ein:

$$E_m = \Sigma\left(\frac{\partial x_m}{\partial p}\right)^2, \quad F_m = \Sigma\frac{\partial x_m}{\partial p}\frac{\partial x_m}{\partial q}, \quad G_m = \Sigma\left(\frac{\partial x_m}{\partial q}\right)^2,$$

$$\mathfrak{E}_m = \Sigma\left(\frac{\partial x_m}{\partial u}\right)^2, \quad \mathfrak{F}_m = \Sigma\frac{\partial x_m}{\partial u}\frac{\partial x_m}{\partial v}, \quad \mathfrak{G}_m = \Sigma\left(\frac{\partial x_m}{\partial v}\right)^2,$$

$$\Theta_m = \Sigma X\frac{\partial^2 x_m}{\partial p^2} = -\Sigma\frac{\partial X}{\partial p}\frac{\partial x_m}{\partial p},$$

$$\Theta'_m = \Sigma X\frac{\partial^2 x_m}{\partial p\,\partial q} = -\Sigma\frac{\partial X}{\partial p}\frac{\partial x_m}{\partial q} = -\Sigma\frac{\partial X}{\partial q}\frac{\partial x_m}{\partial p},$$

$$\Theta''_m = \Sigma X\frac{\partial^2 x_m}{\partial q^2} = -\Sigma\frac{\partial X}{\partial q}\frac{\partial x_m}{\partial q},$$

$$\mathfrak{D}_m = \Sigma X\frac{\partial^2 x_m}{\partial u^2} = -\Sigma\frac{\partial X}{\partial u}\frac{\partial x_m}{\partial u},$$

$$\mathfrak{D}''_m = \Sigma X\frac{\partial^2 x_m}{\partial v^2} = -\Sigma\frac{\partial X}{\partial v}\frac{\partial x_m}{\partial v}.$$

Hier ist $\mathfrak{F}_m$ reell, $\mathfrak{G}_m$ ist zu $\mathfrak{E}_m$, und $\mathfrak{D}''_m$ zu $\mathfrak{D}_m$ complex conjugirt. Es bestehen nun die Gleichungen:

$$\left.\begin{aligned}
E_m &= \frac{1}{4}\left\{(1-m)^2 E - 2(1-m^2)F + (1+m)^2 G\right\},\\
F_m &= \frac{1}{4}\left\{(1-m^2)(E-G) - 4mF\right\},\\
G_m &= \frac{1}{4}\left\{(1+m)^2 E + 2(1-m^2)F + (1-m)^2 G\right\},\\
\mathfrak{E}_m &= \frac{(1-im)^2}{2i}\mathfrak{E},\ \mathfrak{F}_m = \frac{1+m^2}{2}\mathfrak{F},\ \mathfrak{G}_m = \frac{(1+im)^2}{-2i}\mathfrak{G},\\
E_m &= \mathfrak{E}_m + 2\mathfrak{F}_m + \mathfrak{G}_m,\\
F_m &= i(\mathfrak{E}_m - \mathfrak{G}_m),\\
G_m &= -(\mathfrak{E}_m - 2\mathfrak{F}_m + \mathfrak{G}_m),
\end{aligned}\right\} \quad 8)$$

$$\left.\begin{aligned}
\Theta_m &= \frac{1}{2}\left\{(1-m)\Theta - (1+m)\Theta'\right\},\\
\Theta'_m &= \frac{1}{2}\left\{(1-m)\Theta' + (1+m)\Theta\right\} = \frac{1}{2}\left\{(1-m)\Theta' - (1+m)\Theta''\right\},\\
\Theta''_m &= \frac{1}{2}\left\{(1-m)\Theta'' + (1+m)\Theta'\right\} = -\Theta_m,\\
\mathfrak{D}_m &= \frac{1-im}{1+i}\mathfrak{D},\ \mathfrak{D}''_m = \frac{1+im}{1-i}\mathfrak{D}'',\\
\Theta_m &= \mathfrak{D}_m + \mathfrak{D}''_m,\\
\Theta'_m &= i(\mathfrak{D}_m - \mathfrak{D}''_m),\\
\Theta''_m &= -(\mathfrak{D}_m + \mathfrak{D}''_m),\\
E_m G_m - F_m^2 &= 4(\mathfrak{F}_m^2 - \mathfrak{E}_m\mathfrak{G}_m),\\
\Theta_m \Theta''_m - \Theta'^2_m &= -4\mathfrak{D}_m\mathfrak{D}''_m.
\end{aligned}\right\} \quad 9)$$

Diese Beziehungen gestatten nun in Betreff der Fläche (x_m, y_m, z_m) folgende Schlüsse:

1) Bilden die Curven $p =$ const., $q =$ const. auf der Fläche ein orthogonales System, so ist $\mathfrak{E}_m$ reell.

2) Ist dieses Curvensystem isometrisch, so ist $\mathfrak{E}_m = 0$.

3) Fallen die Curven $p =$ const., $q =$ const. mit den Krümmungslinien der Fläche zusammen, so ist $\mathfrak{E}_m$ reell und $\mathfrak{D}_m$ reell.

4) Fallen jene Curven mit den Asymptotenlinien zusammen, so ist $\mathfrak{D}_m$ rein imaginär.

Betrachten wir nun spezieller die ursprüngliche Fläche (x, y, z) und ihre Verwandte (x_1, y_1, z_1), die also bezüglich zu den Werthen $m = -1$ und $m = 1$ gehören. Man erhält hier:

$$E_1 = G,\ F_1 = -F,\ G_1 = E. \qquad 10)$$

Der Grösse $\sqrt{E}$ hat man das Vorzeichen von $\frac{\partial z}{\partial p}$, der Grösse $\sqrt{G}$ das von $\frac{\partial z}{\partial q}$ beizulegen, ebenso dem Ausdruck $\sqrt{E_1}$ das Vorzeichen von $\frac{\partial z_1}{\partial p}$ und dem Ausdruck $\sqrt{G_1}$ das von $\frac{\partial z_1}{\partial q}$. Da nun:

$$\frac{\partial z}{\partial p} = \frac{\partial z_1}{\partial q}, \quad \frac{\partial z}{\partial q} = -\frac{\partial z_1}{\partial p},$$

so besitzt $\sqrt{G_1}$ dasselbe Vorzeichen wie $\sqrt{E}$, und $\sqrt{E_1}$ besitzt das entgegengesetzte Vorzeichen wie $\sqrt{G}$ so dass:

$$\sqrt{E} = \sqrt{G_1}, \quad \sqrt{G} = -\sqrt{E_1}$$

zu setzen ist. In Folge dessen wird nun:

$$\frac{\frac{\partial x}{\partial p}}{\sqrt{E}} = \frac{\frac{\partial x_1}{\partial q}}{\sqrt{G_1}}, \quad \frac{\frac{\partial y}{\partial p}}{\sqrt{E}} = \frac{\frac{\partial y_1}{\partial q}}{\sqrt{G_1}}, \quad \frac{\frac{\partial z}{\partial p}}{\sqrt{E}} = \frac{\frac{\partial z_1}{\partial q}}{\sqrt{G_1}},$$

$$\frac{\frac{\partial x}{\partial q}}{\sqrt{G}} = \frac{\frac{\partial x_1}{\partial p}}{\sqrt{E_1}}, \quad \frac{\frac{\partial y}{\partial q}}{\sqrt{G}} = \frac{\frac{\partial y_1}{\partial p}}{\sqrt{E_1}}, \quad \frac{\frac{\partial z}{\partial q}}{\sqrt{G}} = \frac{\frac{\partial z_1}{\partial p}}{\sqrt{E_1}},$$

d. h. aber, „in zwei entsprechenden Punkten zweier verwandter Flächen sind die Tangenten der Curven $p = \text{const.}$, $q = \text{const.}$ auf der einen Fläche bezüglich parallel den Tangenten der Curven $q = \text{const.}$, $p = \text{const.}$ auf der anderen."

Benutzt man neben den Gleichungen 10) die sich aus 9) ergebenden Beziehungen:

$$\Theta_1 = -\Theta', \quad \Theta'_1 = -\Theta'' = \Theta, \quad \Theta''_1 = \Theta', \tag{11}$$

so erhält man die Sätze:

1) Die Curven $p = \text{const.}$, $q = \text{const.}$ bilden entweder auf jeder von zwei verwandten Flächen ein rechtwinkliges System oder auf keiner von beiden.

2) Sind die Curven $p = \text{const.}$, $q = \text{const.}$ auf einer von zwei verwandten Flächen Krümmungslinien, so sind sie auf der anderen sich rechtwinklig schneidende Asymptotenlinien. Die letztere ist dann stets eine Minimalfläche.

Werfen wir jetzt einen Blick auf die Krümmung unserer Flächen. Wenn man die beiden Hauptkrümmungshalbmesser der Fläche (x_m, y_m, z_m) mit ϱ_{1m} und ϱ_{2m} bezeichnet $(\varrho_{1m} > \varrho_{2m})$, so wird, da diese Grössen die Wurzeln der Gleichung:

$$\mathfrak{D}_m \mathfrak{D}''_m \varrho^2 - (\mathfrak{G}_m \mathfrak{D}_m + \mathfrak{E}_m \mathfrak{D}''_m)\varrho - (\mathfrak{F}_m^2 - \mathfrak{E}_m \mathfrak{G}_m) = 0$$

sind:

$$\frac{1}{\varrho_{1m}}+\frac{1}{\varrho_{2m}}=\frac{-2}{1+m^2}\,\frac{\frac{1+im}{1-i}\mathfrak{G}\mathfrak{D}+\frac{1-im}{1+i}\mathfrak{E}\mathfrak{D}''}{\mathfrak{F}^2-\mathfrak{E}\mathfrak{G}}, \tag{12}$$

$$\frac{1}{\varrho_{1m}\varrho_{2m}}=\frac{2}{1+m^2}\,\frac{-\mathfrak{D}\mathfrak{D}''}{\mathfrak{F}^2-\mathfrak{E}\mathfrak{G}}=\frac{2}{1+m^2}\,\frac{1}{\varrho_1\varrho_2}. \tag{13}$$

Wenn die Grösse $\mathfrak{E}$ verschwindet, so verschwindet auch $\mathfrak{G}$. In diesem Falle folgt aus 12), dass sämmtliche Flächen x_m, y_m, z_m Minimalflächen sind. Die Bedingung $\mathfrak{E}=0$ ist gleichbedeutend mit der, dass die erzeugenden Functionen U, V, W die Differentialgleichung:

$$\left(\frac{dU}{du}\right)^2+\left(\frac{dV}{du}\right)^2+\left(\frac{dW}{du}\right)^2=0$$

erfüllen.

Aus der Beziehung 13) ersieht man zunächst, *dass, wenn $\mathfrak{D}$ verschwindet, sämmtliche Flächen der Schaar abwickelbar sind. Ist aber $\mathfrak{D}$ von Null verschieden, so ergibt sich, dass das Krümmungsmass aller Flächen der Schaar negativ ist, sowie dass es in entsprechenden Punkten der Flächen (x_m, y_m, z_m) und (x_{-m}, y_{-m}, z_{-m}), also auch in entsprechenden Punkten der beiden verwandten Flächen denselben Werth besitzt.*

Ein ganz ähnlicher Satz gilt vom Dichtigkeitsmass. Nennen wir die Abscisse des Punktes, in welchem die Fläche (x_m, y_m, z_m) vom Strahl (ξ, η, ζ) geschnitten wird $\mathfrak{r}_m$, und bezeichnen wir das Dichtigkeitsmass des Strahlensystems in diesem Punkte mit ϑ_m, so ist bekanntlich:

$$\vartheta_m=\frac{-1}{(P_1-\mathfrak{r}_m)(P_2-\mathfrak{r}_m)}.$$

Nun ist:

$$\mathfrak{r}_m=\frac{1+m}{2}R,\ \text{daher:}$$

$$\vartheta_m=\frac{-4}{(1+m^2)R^2}=\frac{2}{(1+m^2)}\vartheta. \tag{14}$$

Also besitzt auch das Dichtigkeitsmass überall einen negativen und in entsprechenden Punkten der Flächen (x_m, y_m, z_m) und (x_{-m}, y_{-m}, z_{-m}) *denselben Werth.*

Betrachten wir schliesslich noch den speziellen Fall, in welchem die Curven $p=\text{const.}$, $q=\text{const.}$ auf der Fläche (x, y, z) isometrisch sind. Es wird dann:

$$E_m = \frac{1+m^2}{2} E, \; F_m = 0, \; G_m = \frac{1+m^2}{2} E,$$

so dass diese Curven auch auf der Fläche (x_m, y_m, z_m) isometrisch sind. Bezeichnet man das Linearelement dieser Fläche mit ds_m, so wird: $ds_m^2 = \frac{1+m^2}{2} E(dp^2 + dq^2)$. Die einzelnen den verschiedenen Werthen von m entsprechenden Flächen sind daher mittelst der Curven $p = \text{const.}$, $q = \text{const.}$ conform auf einander abgebildet. Im Besondern stellt die Fläche (x_m, y_m, z_m) eine Biegung der Fläche (x_{-m}, y_{-m}, z_{-m}) dar.

§ 22.

Suchen wir jetzt die Ausdrücke 10) § 15, sowie die Integrabilitätsbedingungen derselben für die Fläche (x, y, z) herzustellen.

Die Gleichungen 7) § 20 liefern die Beziehungen:

$$e = \frac{R}{2}(\Phi - H), \; f = \frac{-R}{2}(\Phi + H), \; f' = \frac{R}{2}(\Psi - \Phi), \; g = -\frac{R}{2}(\Psi + \Phi). \quad 1)$$

In Folge dessen erhalten wir nach 3) § 15 für die Grössen s die Ausdrücke:

$$\left.\begin{aligned} s_1 &= \frac{R}{2}\left(\sqrt{\Psi}\sin(\tau-\psi) - \sqrt{H}\sin\tau\right), \\ s_2 &= \frac{-R}{2}\left(\sqrt{\Psi}\sin(\tau-\psi) + \sqrt{H}\sin\tau\right), \\ s_3 &= \frac{R}{2}\left(\sqrt{\Psi}\cos(\tau-\psi) - \sqrt{H}\cos\tau\right), \\ s_4 &= \frac{-R}{2}\left(\sqrt{\Psi}\cos(\tau-\psi) + \sqrt{H}\cos\tau\right). \end{aligned}\right\} \quad 2)$$

Ferner sind die Werthe von $\cos\chi$, $\cos K_1$, $\cos K_2$ zu berechnen.

Im § 15 fanden wir die Gleichung:

$$\cos\chi = \frac{eg - ff'}{P\varDelta},$$

also ergibt sich mit Hülfe von 1) § 21:

$$\cos\chi = \frac{R^2\varDelta}{2P}.$$

Unter Benutzung von 6) und 11) § 15 folgt:

$$\cos K_1 = \frac{\cos(\tau-\psi)}{\sqrt{H}\sin\psi}\Sigma X\frac{\partial\xi}{\partial p} - \frac{\cos\tau}{\sqrt{\Psi}\sin\psi}\Sigma X\frac{\partial\xi}{\partial q},$$

$$\cos K_2 = \frac{-\sin(\tau-\psi)}{\sqrt{H}\sin\psi}\Sigma X\frac{\partial\xi}{\partial p} + \frac{\sin\tau}{\sqrt{\Psi}\sin\psi}\Sigma X\frac{\partial\xi}{\partial q}.$$

Wendet man hier die Formeln 6) § 20 an, so wird:

$$\left.\begin{aligned} \cos K_1 &= \frac{\cos\chi}{R}\left\{-\frac{\partial R}{\partial p}\,\frac{\cos(\tau-\psi)}{\sqrt{H}\sin\psi}+\frac{\partial R}{\partial q}\,\frac{\cos\tau}{\sqrt{\Psi}\sin\psi}\right\},\\ \cos K_2 &= \frac{\cos\chi}{R}\left\{\frac{\partial R}{\partial p}\,\frac{\sin(\tau-\psi)}{\sqrt{H}\sin\psi}-\frac{\partial R}{\partial q}\,\frac{\sin\tau}{\sqrt{\Psi}\sin\psi}\right\}. \end{aligned}\right\} \qquad 4)$$

Nun hatten wir:

$$s_5=\frac{s_1\cos K_1+s_3\cos K_2}{\cos\chi},\quad s_6=\frac{s_2\cos K_1+s_4\cos K_2}{\cos\chi}$$

gesetzt. Daher entsteht unter Benutzung von 2) und 4):

$$s_5=\frac{1}{2}\left(\frac{\partial R}{\partial p}-\frac{\partial R}{\partial q}\right),\quad s_6=\left(\frac{\partial R}{\partial p}+\frac{\partial R}{\partial q}\right). \qquad 5)$$

Endlich ergibt sich in Folge der Gleichungen 2) dieses und der Gleichungen 11) des Paragraph 15:

$$\left.\begin{aligned} \varkappa_1 s_1+\varkappa_2 s_3 &= \frac{R}{2}\left(-\frac{\partial\xi}{\partial p}+\frac{\partial\xi}{\partial q}\right),\quad \varkappa_1 s_2+\varkappa_2 s_4=\frac{-R}{2}\left(\frac{\partial\xi}{\partial p}+\frac{\partial\xi}{\partial q}\right),\\ \lambda_1 s_1+\lambda_2 s_3 &= \frac{R}{2}\left(-\frac{\partial\eta}{\partial p}+\frac{\partial\eta}{\partial q}\right),\quad \lambda_1 s_2+\lambda_2 s_4=\frac{-R}{2}\left(\frac{\partial\eta}{\partial p}+\frac{\partial\eta}{\partial q}\right),\\ \mu_1 s_1+\mu_2 s_3 &= \frac{R}{2}\left(-\frac{\partial\zeta}{\partial p}+\frac{\partial\zeta}{\partial q}\right),\quad \mu_1 s_2+\mu_2 s_4=\frac{-R}{2}\left(\frac{\partial\zeta}{\partial p}+\frac{\partial\zeta}{\partial q}\right). \end{aligned}\right\} \qquad 6)$$

Jetzt gehen nach Anwendung von 5) und 6) die Gleichungen 10) § 15 in die folgenden über:

$$\left.\begin{aligned} 2\,dx &= \left\{R\left(\frac{\partial\xi}{\partial q}-\frac{\partial\xi}{\partial p}\right)-\xi\left(\frac{\partial R}{\partial p}-\frac{\partial R}{\partial q}\right)\right\}dp-\left\{R\left(\frac{\partial\xi}{\partial p}+\frac{\partial\xi}{\partial q}\right)+\xi\left(\frac{\partial R}{\partial p}+\frac{\partial R}{\partial q}\right)\right\}dq,\\ 2\,dy &= \left\{R\left(\frac{\partial\eta}{\partial q}-\frac{\partial\eta}{\partial p}\right)-\eta\left(\frac{\partial R}{\partial p}-\frac{\partial R}{\partial q}\right)\right\}dp-\left\{R\left(\frac{\partial\eta}{\partial p}+\frac{\partial\eta}{\partial q}\right)+\eta\left(\frac{\partial R}{\partial p}+\frac{\partial R}{\partial q}\right)\right\}dq,\\ 2\,dz &= \left\{R\left(\frac{\partial\zeta}{\partial q}-\frac{\partial\zeta}{\partial p}\right)-\zeta\left(\frac{\partial R}{\partial p}-\frac{\partial R}{\partial q}\right)\right\}dp-\left\{R\left(\frac{\partial\zeta}{\partial p}+\frac{\partial\zeta}{\partial q}\right)+\zeta\left(\frac{\partial R}{\partial p}+\frac{\partial R}{\partial q}\right)\right\}dq. \end{aligned}\right\} \qquad 7)$$

Die Integrabilitätsbedingungen 1) § 18 und 5) § 17 dieser Differentiale werden durch die Relationen:

$$\left.\begin{aligned} &\frac{\partial R(\sqrt{\Psi}e^{-i\psi}-\sqrt{H})}{\partial q}-iR(e^{-i\psi}\sqrt{\Psi}-\sqrt{H})\,\frac{\dfrac{\partial\sqrt{\Psi}}{\partial p}-\cos\psi\,\dfrac{\partial\sqrt{H}}{\partial q}}{\sqrt{H}\sin\psi}\\ &-\left(\frac{\partial R}{\partial p}-\frac{\partial R}{\partial q}\right)\sqrt{\Psi}e^{-i\psi}=-e^{-i\psi}\,\frac{\partial R(\sqrt{\Psi}+\sqrt{H}e^{i\psi})}{\partial p}\\ &-iR(\sqrt{\Psi}e^{-i\psi}+\sqrt{H})\,\frac{\dfrac{\partial\sqrt{H}}{\partial q}-\cos\psi\,\dfrac{\partial\sqrt{\Psi}}{\partial p}}{\sqrt{\Psi}\sin\psi}-\left(\frac{\partial R}{\partial p}+\frac{\partial R}{\partial q}\right)\sqrt{H}, \end{aligned}\right\} \qquad 8)$$

$$\frac{\partial^2 R}{\partial p^2} + \frac{\partial^2 R}{\partial q^2} = R(H + \Psi) \tag{9}$$

dargestellt.

In den Ausdrücken für dx, dy, dz kommen jetzt nur die Grössen ξ, η, ζ und $r_1 + r_2 = R$ vor. Denkt man sich dieselben beliebig als Functionen von p und q gegeben, jedoch so, dass $H\Psi - \Phi^2$ im Allgemeinen von Null verschieden ist, und fragt, ob zu ihnen ein Strahlensystem gehöre, das sich aus drei erzeugenden Functionen der complexen Variablen $p+qi$ herleiten lasse, so ist die Frage zu bejahen, sobald 8) und 9) besteht.

Man erhält nämlich alsdann die Grössen x, y, z durch Integration aus 7), oder was dasselbe ist, aus den Gleichungen:

$$\left.\begin{aligned} 2\,dx &= \frac{\partial R\xi}{\partial q}\,dp - \frac{\partial R\xi}{\partial p}\,dq - dR\xi, \\ 2\,dy &= \frac{\partial R\eta}{\partial q}\,dp - \frac{\partial R\eta}{\partial p}\,dq - dR\eta, \\ 2\,dz &= \frac{\partial R\zeta}{\partial q}\,dp - \frac{\partial R\zeta}{\partial p}\,dq - dR\zeta. \end{aligned}\right\} \tag{10}$$

Für dx_1, dy_1, dz_1 entstehen die Gleichungen:

$$\left.\begin{aligned} 2dx_1 &= \frac{\partial R\xi}{\partial q}\,dp - \frac{\partial R\xi}{\partial p}\,dq + dR\xi, \\ 2dy_1 &= \frac{\partial R\eta}{\partial q}\,dp - \frac{\partial R\eta}{\partial p}\,dq + dR\eta, \\ 2dz_1 &= \frac{\partial R\zeta}{\partial q}\,dp - \frac{\partial R\zeta}{\partial p}\,dq + dR\zeta, \end{aligned}\right\} \tag{11}$$

und es ist danach offenbar, dass dx_1, dy_1, dz_1 vollständige Differentiale sind, falls dx, dy, dz solche sind. Die Grössen $x + ix_1$, $y + iy_1$, $z + iz_1$ werden jetzt in der That Functionen von $p + iq$ und sind als erzeugende Functionen zu betrachten. Die Grössen ξ, η, ζ und R haben dieselbe Bedeutung wie früher, da sich:

$$x_1 - x = R\xi,\ y_1 - y = R\eta,\ \zeta_1 - \zeta = R\zeta$$

ergibt.

Es sei noch bemerkt, dass man 8) durch die beiden einfacheren Gleichungen:

$$R\left(\frac{\partial \Phi}{\partial q} - \frac{1}{2}\,\frac{\partial \Psi}{\partial p} + \frac{1}{2}\,\frac{\partial H}{\partial p}\right) + 2\frac{\partial R}{\partial p}H + 2\frac{\partial R}{\partial q}\,\Phi = 0,$$

$$R\left(\frac{\partial \Phi}{\partial p} - \frac{1}{2}\,\frac{\partial H}{\partial q} + \frac{1}{2}\,\frac{\partial \Psi}{\partial q}\right) + 2\frac{\partial R}{\partial p}\Phi + 2\,\frac{\partial R}{\partial q}\,\Psi = 0$$

ersetzen kann, aus denen zugleich hervorgeht, dass die Wahl des Vorzeichens von ψ ohne Einfluss auf die Integrirbarkeit von dx, dy, dz ist.

§ 23.

Wie schon bemerkt haben die Flächen (x_m, y_m, z_m) die Eigenschaft, dass ihre Coordinaten sich durch die reellen Theile dreier Functionen einer complexen Variabeln $u = p + qi$ darstellen lassen. Fragen wir jetzt, welche Bedingungen zwischen den zu einer nicht abwickelbaren Fläche (x, y, z) gehörenden Grössen $X, Y, Z, \varrho_1, \varrho_2, \sigma$ bestehen müssen, wenn ihr die genannte Eigenschaft zukommt.

In diesem Falle gelten die Gleichungen:

$$\frac{\partial^2 x}{\partial p^2} + \frac{\partial^2 x}{\partial q^2} = 0, \quad \frac{\partial^2 y}{\partial p^2} + \frac{\partial^2 y}{\partial q^2} = 0, \quad \frac{\partial^2 z}{\partial p^2} + \frac{\partial^2 z}{\partial q^2} = 0, \qquad 1)$$

welche für das Vorhandensein der in Frage stehenden Eigenschaft nothwendig und hinreichend sind.

Multiplicirt man die Beziehungen 1) der Reihe nach mit X, Y, Z, dann mit $\frac{\partial x}{\partial p}, \frac{\partial y}{\partial p}, \frac{\partial z}{\partial p}$, endlich mit $\frac{\partial x}{\partial q}, \frac{\partial y}{\partial q}, \frac{\partial z}{\partial q}$ und addirt sie jedesmal, so entsteht:

$$\Theta + \Theta'' = 0, \quad \frac{\partial (G-E)}{\partial p} = \frac{\partial 2F}{\partial q}, \quad \frac{\partial (G-E)}{\partial q} = -\frac{\partial 2F}{\partial p}. \qquad 2)$$

Die beiden letzten dieser Gleichungen besagen, dass $G - E + 2iF$ eine Function von $p + iq$ sein muss, so dass wir die Bedingungen 2) einfacher so schreiben können:

$$\Theta + \Theta'' = 0, \; G - E + 2iF = \mathfrak{F}(p + qi). \qquad 3)$$

Benutzt man jetzt die Formeln 9) § 3, so entsteht statt 3):

$$\left.\begin{aligned} &L(\varrho_1 \cos^2\sigma + \varrho_2 \sin^2\sigma) + N(\varrho_1 \cos^2(\sigma-\varphi) + \varrho_2 \sin^2(\sigma-\varphi)) = 0, \\ &\varrho_1^2(\sqrt{N}\cos(\sigma-\varphi) + i\sqrt{L}\cos\sigma)^2 + \varrho_2^2(\sqrt{N}\sin(\sigma-\varphi) + i\sqrt{L}\sin\sigma)^2 \\ &\qquad = \mathfrak{F}(p+qi). \end{aligned}\right\} \qquad 4)$$

Die letzten beiden Gleichungen müssen für jede Fläche (x_m, y_m, z_m) gelten, falls nur eine von ihnen nicht abwickelbar ist.

Bezeichnet man daher die auf die Fläche (x_m, y_m, z_m) bezogenen Grössen $\varrho_1, \varrho_2, \sigma, \varphi$ der Reihe nach mit $\varrho_{1m}, \varrho_{2m}, \sigma_m, \varphi_m$, so bestehen für jeden Werth von m die Relationen:

$$\left.\begin{aligned} &L(\varrho_{1m} \cos^2\sigma_m + \varrho_{2m} \sin^2\sigma_m) \\ &+ N(\varrho_{1m} \cos^2(\sigma_m - \varphi_m) + \varrho_{2m} \sin^2(\sigma_m - \varphi_m)) = 0, \\ &\varrho_{1m}^2(\sqrt{N}\cos(\sigma_m - \varphi_m) + i\sqrt{L}\cos\sigma_m)^2 \\ &+ \varrho_{2m}^2(\sqrt{N}\sin(\sigma_m - \varphi_m) + i\sqrt{L}\sin\sigma_m)^2 = \mathfrak{F}_m(p+qi). \end{aligned}\right\} \qquad 5)$$

Suchen wir jetzt die Beziehungen zwischen den Grössen ϱ_{1m}, ϱ_{2m}, σ_m, φ_m und den Grössen ϱ_1, ϱ_2, σ, φ auf. Es sei zunächst $m=1$.

Man erhält dann nach 4) § 4 S. 16:

$$dx_1 = -\left[\frac{\partial X}{\partial p}\left\{\frac{\varrho_{11}+\varrho_{21}}{2}-\frac{\varrho_{11}-\varrho_{21}}{2}\,\frac{\sin(2\sigma_1-\varphi_1)}{\sin\varphi_1}\right\}+\frac{\partial X}{\partial q}\,\frac{\sqrt{L}}{\sqrt{N}}\,\frac{\varrho_{11}-\varrho_{21}}{2}\,\frac{\sin 2\sigma_1}{\sin\varphi_1}\right]dp$$
$$-\left[-\frac{\partial X}{\partial p}\,\frac{\sqrt{N}}{\sqrt{L}}\,\frac{\varrho_{11}-\varrho_{21}}{2}\,\frac{\sin 2(\sigma_1-\varphi_1)}{\sin\varphi_1}+\frac{\partial X}{\partial q}\left\{\frac{\varrho_{11}+\varrho_{21}}{2}+\frac{\varrho_{11}-\varrho_{21}}{2}\,\frac{\sin(2\sigma_1-\varphi_1)}{\sin\varphi_1}\right\}\right]dq,$$

woraus sich die Werthe von dy_1 und dz_1 durch Vertauschen von X mit Y, resp. Z ergeben. Wendet man jetzt die Beziehungen:

$$\frac{\partial x}{\partial p}=\frac{\partial x_1}{\partial q},\quad \frac{\partial y}{\partial p}=\frac{\partial y_1}{\partial q},\quad \frac{\partial z}{\partial p}=\frac{\partial z_1}{\partial q}$$

an, nachdem für $\frac{\partial x}{\partial p}, \frac{\partial y}{\partial p}, \frac{\partial z}{\partial p}$ die in 4) § 4 befindlichen Werthe, für $\frac{\partial x_1}{\partial q}, \frac{\partial y_1}{\partial q}, \frac{\partial z_1}{\partial q}$ die aus der obigen Gleichung für dx_1 folgenden Werthe gesetzt sind, so entstehen drei Gleichungen, welche der Reihe nach mit X, Y, Z multiplizirt, eine identisch verschwindende Summe besitzen. Sie sind daher aequivalent zweien Gleichungen, die erhalten werden, wenn man sie der Reihe nach mit $\frac{\partial X}{\partial p}, \frac{\partial Y}{\partial p}, \frac{\partial Z}{\partial p}$, dann mit $\frac{\partial X}{\partial q}, \frac{\partial Y}{\partial q}, \frac{\partial Z}{\partial q}$ multiplicirt und jedesmal addirt.

Verfährt man genau so mit den sich aus den Beziehungen:

$$\frac{\partial x}{\partial q}=-\frac{\partial x_1}{\partial p},\quad \frac{\partial y}{\partial q}=-\frac{\partial y_1}{\partial p},\quad \frac{\partial z}{\partial q}=-\frac{\partial z_1}{\partial p}$$

ergebenden Gleichungen, so erhält man im Ganzen die vier Relationen:

$$\left.\begin{aligned}
&\sqrt{L}\,\{\varrho_1+\varrho_2+(\varrho_1-\varrho_2)\cos 2\sigma\}\\
&=\sqrt{N}\,\{(\varrho_{11}+\varrho_{21})\cos\varphi+(\varrho_{11}-\varrho_{21})\cos(2\sigma_1-\varphi_1)\},\\
&\sqrt{L}\,\{(\varrho_1+\varrho_2)\cos\varphi+(\varrho_1-\varrho_2)\cos(2\sigma-\varphi)\}\\
&=\sqrt{N}\,\{\varrho_{11}+\varrho_{21}+(\varrho_{11}-\varrho_{21})\cos 2(\sigma_1-\varphi_1)\},\\
&\sqrt{N}\,\{(\varrho_1+\varrho_2)\cos\varphi+(\varrho_1-\varrho_2)\cos(2\sigma-\varphi)\}\\
&=-\sqrt{L}\,\{\varrho_{11}+\varrho_{21}+(\varrho_{11}-\varrho_{21})\cos 2\sigma_1\},\\
&\sqrt{N}\,\{\varrho_1+\varrho_2+(\varrho_1-\varrho_2)\cos 2(\sigma-\varphi)\}\\
&=-\sqrt{L}\,\{(\varrho_{11}+\varrho_{21})\cos\varphi+(\varrho_{11}-\varrho_{21})\cos(2\sigma_1-\varphi_1)\},
\end{aligned}\right\}\quad 6)$$

welche denselben Inhalt haben, wie die folgenden:

$$\left.\begin{aligned}
&(\varrho_{11}-\varrho_{21})\frac{\sin 2(\sigma_1-\varphi_1)}{\sin\varphi_1} = -\frac{\sqrt{L}}{\sqrt{N}}\left(\varrho_1+\varrho_2-(\varrho_1-\varrho_2)\frac{\sin(2\sigma-\varphi)}{\sin\varphi}\right),\\
&(\varrho_{11}-\varrho_{21})\frac{\sin 2\sigma_1}{\sin\varphi_1} = -\frac{\sqrt{N}}{\sqrt{L}}\left(\varrho_1+\varrho_2+(\varrho_1-\varrho_2)\frac{\sin(2\sigma-\varphi)}{\sin\varphi}\right),\\
&\varrho_{11}+\varrho_{21}-(\varrho_{11}-\varrho_{21})\frac{\sin(2\sigma_1-\varphi_1)}{\sin\varphi_1} = \frac{\sqrt{N}}{\sqrt{L}}(\varrho_1-\varrho_2)\frac{\sin 2(\sigma-\varphi)}{\sin\varphi},\\
&(\varrho_{11}-\varrho_{21})\cos 2\sigma_1 = -\frac{(\varrho_1+\varrho_2)N\sin 2\varphi+(\varrho_1-\varrho_2)(L+N)\sin 2\sigma}{2\sqrt{L}\sqrt{N}\sin\varphi}.
\end{aligned}\right\}\quad 7)$$

Die drei letzten dieser Gleichungen liefern die Beziehungen:

$$\left.\begin{aligned}
&\varrho_{11}+\varrho_{21} = (\varrho_1-\varrho_2)\frac{N\sin 2(\sigma-\varphi)+L\sin 2\sigma}{2\sqrt{L}\sqrt{N}\sin\varphi},\\
&(\varrho_{11}-\varrho_{21})\frac{\sin 2\sigma_1}{\sin\varphi_1} = -\frac{\sqrt{N}}{\sqrt{L}}\left(\varrho_1+\varrho_2+(\varrho_1-\varrho_2)\frac{\sin(2\sigma-\varphi)}{\sin\varphi}\right),\\
&(\varrho_{11}-\varrho_{21})\cos 2\sigma_1 = -\frac{(\varrho_1+\varrho_2)N\sin 2\varphi+(\varrho_1-\varrho_2)(L+N)\sin 2\sigma}{2\sqrt{L}\sqrt{N}\sin\varphi}.
\end{aligned}\right\}\quad 8)$$

Mit Hülfe der zweiten und dritten derselben ist es möglich aus der ersten Gleichung in 7) die Grössen ϱ_{11}, ϱ_{21}, σ_1 und φ_1 fortzuschaffen, wodurch man die erste Gleichung in 4) erhält. Daher werden die Gleichungen 7) durch die Gleichungen 8) vollständig ersetzt.

Man überzeugt sich hiervon noch leichter, wenn man bemerkt, dass nach 9) S. 34 die Gleichungen 6) identisch sind mit den folgenden:

$$\Theta = \Theta_1', \quad \Theta' = \Theta_1'', \quad \Theta' = -\Theta_1, \quad \Theta'' = -\Theta_1',$$

und diese in 9) § 21 enthalten sind.

Die Gleichungen 4) § 21 lehren nun, dass jede Fläche (x_m, y_m, z_m), wenn m weder gleich 1 noch gleich -1 ist, nach dem im § 10 entwickelten Sinne als aus den Flächen (x, y, z) und (x_1, y_1, z_1) zusammengesetzt zu betrachten ist. Man kann daher die Formeln 2) § 10 anwenden und erhält unter Benutzung von 8):

$$\left.\begin{aligned}
&\varrho_{1m}+\varrho_{2m} =\\
&\frac{1}{2}\left\{(1-m)(\varrho_1+\varrho_2)+(1+m)(\varrho_1-\varrho_2)\frac{N\sin 2(\sigma-\varphi)+L\sin 2\sigma}{2\sqrt{L}\sqrt{N}\sin\varphi}\right\},\\
&(\varrho_{1m}-\varrho_{2m})\frac{\sin 2\sigma_m}{\sin\varphi_m} =\\
&\frac{1}{2}\left\{(1-m)(\varrho_1-\varrho_2)\frac{\sin 2\sigma}{\sin\varphi}-(1+m)\frac{\sqrt{N}}{\sqrt{L}}\left(\varrho_1+\varrho_2+(\varrho_1-\varrho_2)\frac{\sin(2\sigma-\varphi)}{\sin\varphi}\right)\right\},\\
&(\varrho_{1m}-\varrho_{2m})\cos 2\sigma_m =\\
&\frac{1}{2}\left\{(1-m)(\varrho_1-\varrho_2)\cos 2\sigma-(1+m)\frac{(\varrho_1+\varrho_2)N\sin^2\varphi+(\varrho_1-\varrho_2)(L+N)\sin 2\sigma}{2\sqrt{L}\sqrt{N}\sin\varphi}\right\}.
\end{aligned}\right\}\quad 9)$$

Diese Gleichungen gestatten es, die Krümmungsverhältnisse jeder Fläche (x_m, y_m, z_m) zu berechnen, sobald diejenigen der Fläche (x, y, z) bekannt sind.

Wir wollen die entwickelten Formeln auf den Fall anwenden, in welchem nach der dargelegten Weise ein Strahlensystem aus drei die Differentialgleichung:

$$\left(\frac{dU}{du}\right)^2 + \left(\frac{dV}{du}\right)^2 + \left(\frac{dW}{du}\right)^2 = 0$$

befriedigenden Functionen U, V, W der complexen Variabeln u hergeleitet ist. Alsdann ist nach einer Bemerkung im § 21 jede Fläche (x_m, y_m, z_m) eine Minimalfläche.

Die erste der Gleichungen 4) nimmt jetzt, da $\varrho_2 = -\varrho_1$ ist, die Form:

$$L \cos 2\sigma + N \cos 2(\sigma - \varphi) = 0$$

an. Weil nun auch $\varrho_{21} = -\varrho_{11}$, so liefert die erste Gleichung in 8):

$$L \sin 2\sigma + N \sin 2(\sigma - \varphi) = 0.$$

Dann folgt aber: $\varphi = \pm \frac{\pi}{2}$, sowie $L = N$.

Das Curvensystem $p =$ const., $q =$ const. auf der Einheitskugel ist daher isometrisch.

Die linke Seite der zweiten Gleichung in 4) wird Null, d. h. die drei Beziehungen:

$$\varphi = \pm \frac{\pi}{2}, \quad L = N, \quad \varrho_1 + \varrho_2 = 0$$

ersetzen das System 4) vollständig, während das System 3) durch die drei Bedingungen:

$$\Theta + \Theta'' = 0, \quad G = E, \quad F = 0$$

ersetzt wird.

Es sei nun: $\sqrt{L} = \varepsilon \sqrt{N}$ und:

$$\sin \varphi_m = \gamma_m, \quad \gamma_{-1} = \gamma,$$

sodass die Grössen ε und γ_m ihrem absoluten Betrage nach die Einheit vorstellen. Dann folgt aus 9):

$$\left.\begin{aligned} 2\varrho_{1m} \gamma_m \sin 2\sigma_m &= \varrho_1 \gamma \{(1-m) \sin 2\sigma + (1+m)\varepsilon\gamma \cos 2\sigma\}, \\ 2\varrho_{1m} \cos 2\sigma_m &= \varrho_1 \{(1-m)\cos 2\sigma - (1+m)\varepsilon\gamma \sin 2\sigma\}, \end{aligned}\right\} \quad 10)$$

und hieraus:

$$2\varrho_{1m} = \varrho_1 \sqrt{2(1+m^2)}, \qquad 11)$$

wo der Quadratwurzel ihr positiver Werth beizulegen ist. Nun wird:

$$\left.\begin{aligned} \sin 2\sigma_m &= \gamma\gamma_m \frac{(1-m)\sin 2\sigma + (1+m)\varepsilon\gamma \cos 2\sigma}{\sqrt{2(1+m^2)}}, \\ \cos 2\sigma_m &= \frac{(1-m)\cos 2\sigma - (1+m)\varepsilon\gamma \sin 2\sigma}{\sqrt{2(1+m^2)}}, \end{aligned}\right\} \quad 12)$$

daher:

$$e^{2i(\sigma_m - \gamma\gamma_m \sigma)} = \frac{1-m+i\varepsilon\gamma_m(1+m)}{\sqrt{2(1+m^2)}}. \tag{13}$$

Die Grösse $\sigma_m - \gamma\gamma_m \sigma$ misst den Winkel, um welchen das Flächenelement der Fläche (x_m, y_m, z_m) gegen das parallele Element der Fläche (x, y, z) gedreht erscheint. Bezeichnet man nämlich die Richtungscosinus der Tangente der zu ϱ_{1m} gehörenden Krümmungslinie auf der Fläche (x_m, y_m, z_m) mit A_{1m}, B_{1m}, C_{1m}, so wird:

$$A_{1m} = \frac{\partial X}{\partial p}\frac{\cos\sigma_m}{\sqrt{L}} + \gamma_m \frac{\partial X}{\partial q}\frac{\sin\sigma_m}{\sqrt{N}},$$

$$B_{1m} = \frac{\partial Y}{\partial p}\frac{\cos\sigma_m}{\sqrt{L}} + \gamma_m \frac{\partial Y}{\partial q}\frac{\sin\sigma_m}{\sqrt{N}},$$

$$C_{1m} = \frac{\partial Z}{\partial p}\frac{\cos\sigma_m}{\sqrt{L}} + \gamma_m \frac{\partial Z}{\partial q}\frac{\sin\sigma_m}{\sqrt{N}}.$$

Da nun:

$$A_1 = \frac{\partial X}{\partial p}\frac{\cos\sigma}{\sqrt{L}} + \gamma \frac{\partial X}{\partial q}\frac{\sin\sigma}{\sqrt{N}},$$

$$B_1 = \frac{\partial Y}{\partial p}\frac{\cos\sigma}{\sqrt{L}} + \gamma \frac{\partial Y}{\partial q}\frac{\sin\sigma}{\sqrt{N}},$$

$$C_1 = \frac{\partial Z}{\partial p}\frac{\cos\sigma}{\sqrt{L}} + \gamma \frac{\partial Z}{\partial q}\frac{\sin\sigma}{\sqrt{N}},$$

ist, so entsteht:

$$A_{1m}A_1 + B_{1m}B_1 + C_{1m}C_1 = \cos(\sigma_m - \gamma\gamma_m\sigma).$$

Für das Differential dx_m ergibt sich die Gleichung:

$$dx_m = -\frac{\varrho_1}{2}\Big[\Big\{\Big(\frac{\partial X}{\partial p}(1-m) + \frac{\partial X}{\partial q}(1+m)\Big)\cos 2\sigma - \varepsilon\gamma\Big(\frac{\partial X}{\partial p}(1+m) - \frac{\partial X}{\partial q}(1-m)\Big)\sin 2\sigma\Big\}dp$$
$$+ \Big\{\Big(\frac{\partial X}{\partial p}(1+m) - \frac{\partial X}{\partial q}(1-m)\Big)\cos 2\sigma + \varepsilon\gamma\Big(\frac{\partial X}{\partial p}(1-m) + \frac{\partial X}{\partial q}(1+m)\Big)\sin 2\sigma\Big\}dq$$

woraus man die Werthe von dy_m und dz_m erhält, wenn man X mit Y bez. Z vertauscht.

Bezeichnet man endlich die auf die Fläche (x_m, y_m, z_m) bezogenen Grössen t_1 und t_2 mit t_{1m} und t_{2m}, so wird:

$$t_{1m} = \varepsilon\gamma \frac{\sqrt{2(1+m^2)} - (1-m)\cos 2\sigma + (1+m)\varepsilon\gamma\sin 2\sigma}{(1-m)\sin 2\sigma + (1+m)\varepsilon\gamma\cos 2\sigma},$$

$$t_{2m} = -\varepsilon\gamma \frac{\sqrt{2(1+m^2)} + (1-m)\cos 2\sigma - (1+m)\varepsilon\gamma\sin 2\sigma}{(1-m)\sin 2\sigma + (1+m)\varepsilon\gamma\cos 2\sigma}.$$

§ 24.

Es wird nicht überflüssig sein, die entwickelte Methode durch ein einfaches Beispiel zu erläutern.

Nehmen wir als erzeugende Functionen die folgenden:

$$U = \sin u, \quad V = \cos u, \quad W = iu,$$

so wird:

$$x = \sin p \cos qi, \quad x_1 = -i \cos p \sin qi,$$
$$y = \cos p \cos qi, \quad y_1 = i \sin p \sin qi,$$
$$z = -q, \qquad z_1 = p.$$

Die Fläche (x, y, z) ist die Rotationsfläche der Kettenlinie, ihre Verwandte (x_1, y_1, z_1) ist die Meusnier'sche Schraubenfläche.

Man erhält zunächst:

$$\frac{\partial x}{\partial p} = \cos p \cos qi, \quad \frac{\partial x}{\partial q} = -i \sin p \sin qi,$$
$$\frac{\partial y}{\partial p} = -\sin p \cos qi, \quad \frac{\partial y}{\partial q} = -i \cos p \sin qi,$$
$$\frac{\partial z}{\partial p} = 0, \qquad \frac{\partial z}{\partial q} = -1.$$
$$E = G = \cos^2 qi, \quad F = 0.$$

Da $\frac{\partial z}{\partial q}$ negativ ist, hat man der Grösse $\sqrt{G}$ das negative Vorzeichen beizulegen. Das Vorzeichen von $\sqrt{E}$ muss dasselbe sein, wie das von $\frac{\partial y}{\partial p}$, und wenn letztere Ableitung verschwinden sollte, wie das von $\frac{\partial x}{\partial p}$. Nun ist: $\cos qi = \frac{e^q + e^{-q}}{2}$, daher ist $\cos qi$ stets positiv.

Die Axe der p zerlegen wir von dem Punkte $p = 0$ ausgehend in Theile von der Grösse π. Bezeichnet μ eine ganze positive oder negative Zahl, einschliesslich der Null, so sollen die Intervalle von $2\mu\pi$ bis $(2\mu + 1)\pi$ Intervalle erster Art, aber die Intervalle von $(2\mu - 1)\pi$ bis $2\mu\pi$ solche zweiter Art genannt werden. Dabei sind die Punkte $(2\mu - 1)\pi$ den Intervallen erster Art, die Punkte $2\mu\pi$ denen zweiter Art zuzurechnen. Liegt nun p in einem Intervall erster Art, so wird $\frac{\partial y}{\partial p}$ und, wenn $\frac{\partial y}{\partial p}$ verschwindet, $\frac{\partial x}{\partial p}$ negativ. Daher hat man dann die Grösse $\sqrt{E}$ mit dem negativen Vorzeichen zu versehen. Hingegen besitzt $\sqrt{E}$ das positive Vorzeichen, wenn p in einem Intervall zweiter Art liegt. Setzt man daher $\sqrt{E} = \delta_0 \sqrt{G}$, so wird δ_0 gleich 1 oder -1, je nachdem p in einem Intervall erster oder zweiter Art liegt.

Für die Grössen A, B, C ergeben sich die Gleichungen:

$$A = \sin p \cos q i, \quad B = \cos p \cos q i, \quad C = -i \sin q i \cos q i.$$

Da: $-i \sin q i = \frac{e^q - e^{-q}}{2}$, so ist $-i \sin q i$ positiv für ein positives, negativ für ein negatives q. Verschwindet aber q, so wird B positiv, wenn p innerhalb eines Intervalles von $\left(2\mu - \frac{1}{2}\right)\pi$ bis $\left(2\mu + \frac{1}{2}\right)\pi$, hingegen negativ, wenn p innerhalb eines Intervalles von $\left(2\mu + \frac{1}{2}\right)\pi$ bis $\left(2\mu + \frac{3}{2}\right)\pi$ liegt. Verschwindet endlich auch B, so wird A positiv, wenn p mit einem der Punkte $\left(2\mu + \frac{1}{2}\right)\pi$, aber negativ, wenn p mit einem der Punkte $\left(2\mu + \frac{3}{2}\right)\pi$ zusammenfällt. Man hat daher alle Punkte innerhalb der Intervalle von $\left(2\mu - \frac{1}{2}\right)\pi$ bis $\left(2\mu + \frac{1}{2}\right)\pi$ mit Einschluss der letzteren den Punkten mit positiver q-Coordinate, jedoch alle Punkte der Intervalle von $\left(2\mu + \frac{1}{2}\right)\pi$ bis $\left(2\mu + \frac{3}{2}\right)\pi$ mit Ausschluss der ersteren den Punkten mit negativer q-Coordinate zuzuzählen.

Zieht man nun durch die Punkte $\mu\pi$ auf der p-Axe Parallele zur q-Axe, so wird die p, q-Ebene in Theile von viererlei Art zerlegt. Diejenigen Theile, für deren Punkte q positiv ist, sollen Ebenentheile erster oder zweiter Art heissen, je nachdem ein Intervall erster oder zweiter Art auf der p-Axe ein Stück ihrer Begrenzung bildet. Ebenso sollen diejenigen Theile, für deren Punkte q negativ ausfällt, Ebenentheile dritter oder vierter Art genannt werden, je nachdem ein Intervall zweiter oder erster Art auf der p-Axe ein Stück ihrer Begrenzung bildet.

Nach § 1 S. 3 hat man:

$$P = \delta_0 \delta_1 \cos^2 q i$$

zu setzen und erhält dann:

$$X = \delta_0 \delta_1 \frac{\sin p}{\cos qi}, \quad Y = \delta_0 \delta_1 \frac{\cos p}{\cos qi}, \quad Z = \delta_0 \delta_1 \frac{-i \sin qi}{\cos qi}.$$

Das Produkt $\delta_0 \delta_1$ ist positiv für Ebenentheile erster oder zweiter, negativ für solche dritter oder vierter Art. δ_1 ist gleich 1, wenn die Stelle p, q in einem Ebenentheil der ersten oder dritten, aber gleich -1, wenn sie in einem Ebenentheil der zweiten oder vierten Art liegt.

Nun wird:

$$\frac{\partial X}{\partial p} = \delta_0 \delta_1 \frac{\cos p}{\cos qi}, \quad \frac{\partial Y}{\partial p} = \delta_0 \delta_1 \frac{-\sin p}{\cos qi}, \quad \frac{\partial Z}{\partial p} = 0,$$

$$\frac{\partial X}{\partial q} = \delta_0 \delta_1 \frac{i \sin p \sin qi}{\cos^2 qi}, \quad \frac{\partial Y}{\partial q} = \delta_0 \delta_1 \frac{i \cos p \sin qi}{\cos^2 qi}, \quad \frac{\partial Z}{\partial q} = \frac{\delta_0 \delta_1}{\cos^2 qi},$$

$$L = N = \frac{1}{\cos^2 qi}, \quad M = 0.$$

Man sieht daher, dass der Grösse $\sqrt{L}$ das positive Vorzeichen beizulegen ist, wenn die Stelle p, q in einem Ebenentheil zweiter oder vierter Art liegt, dass aber $\sqrt{L}$ negativ zu nehmen ist, wenn die Stelle p, q in einem Ebenentheil erster oder dritter Art liegt. Da nun $\sqrt{N}$ das Vorzeichen von $\delta_0 \delta_1$ besitzt und $\sqrt{L} = \varepsilon \sqrt{N}$ gesetzt wurde (S. 95), so ist ε gleich 1 für Ebenentheile zweiter und dritter, aber gleich -1 für solche erster und vierter Art.

Da ferner:

$$\frac{\partial X}{\partial p}\frac{\partial Y}{\partial q} - \frac{\partial X}{\partial q}\frac{\partial Y}{\partial p} = \frac{i \sin qi}{\cos^3 qi},$$

und nach § 1 S. 4:

$$Q = \varepsilon \delta_2 \frac{1}{\cos^2 qi}$$

wird, so ergibt sich, dass δ_2 positiv für die Ebenentheile erster und dritter, negativ für solche zweiter und vierter Art wird.

Um den Werth von γ oder was dasselbe ist, um das Vorzeichen von φ zu erhalten, muss man vorher δ_3 bestimmen. Es wird:

$$\Theta = -\delta_0 \delta_1, \quad \Theta' = 0, \quad \Theta'' = \delta_0 \delta_1,$$

woraus ersichtlich ist, da die Gleichungen $\Theta' = 0$ und $F = 0$ bestehen, dass die Curven $p = \text{const.}$, $q = \text{const.}$ Krümmungslinien sind.

Aus der Gleichung: $E = L \varrho_1^2$ folgt nun: $\varrho_1 = \cos^2 qi$, und eine Bemerkung S. 13 u. 14 lehrt, dass in Ebenentheilen erster und zweiter Art die Curven $p = \text{const.}$, in Ebenentheilen dritter und vierter Art die Curven $q = \text{const.}$ von den zu ϱ_1 gehörenden Krümmungslinien gebildet werden. Wir erhalten daher, wenn die Stelle p, q in einem Ebenentheil erster oder zweiter Art liegt:

$$A_1 = \frac{i \sin p \sin qi}{\cos qi}, \quad B_1 = \frac{i \cos p \sin qi}{\cos qi}, \quad C_1 = \frac{1}{\cos qi},$$

$$A_2 = -\delta_0 \cos p, \quad B_2 = \delta_0 \sin p, \quad C_2 = 0,$$

somit:

$$A_2 B_1 - B_2 A_1 = \delta_0 \frac{-i \sin qi}{\cos qi}.$$

Man hat also nach den Formeln 7) § 2 für Ebenentheile erster Art $\delta_3 = 1$, für solche zweiter Art $\delta_3 = -1$ zu setzen.

Liegt aber die Stelle p, q in einem Ebenengebiet dritter oder vierter Art, so wird:

$$A_1 = -\delta_0 \cos p, \quad B_1 = \delta_0 \sin p, \quad C_1 = 0,$$

$$A_2 = \frac{i \sin p \sin qi}{\cos qi}, \quad B_2 = \frac{i \cos p \sin qi}{\cos qi}, \quad C_2 = \frac{1}{\cos qi},$$

somit:

$$A_2 B_1 - B_2 A_1 = \delta_0 \frac{i \sin qi}{\cos qi}.$$

Also ist: $\delta_3 = -1$ für Ebenentheile dritter, $\delta_3 = +1$ für solche vierter Art.

Daraus folgt nun, weil $\gamma = \delta_2 \delta_3$, dass γ gleich 1 ist für Ebenentheile erster und zweiter, aber gleich -1 für solche dritter und vierter Art.

Nach § 7 wird jetzt für Ebenentheile erster und zweiter Art:

$$\cos \sigma = 0, \ \sin \sigma = 1,$$

für solche dritter und vierter Art:

$$\cos \sigma = 1, \ \sin \sigma = 0.$$

Wenden wir die Bezeichnungen des § 3 an, so erhalten wir daher unter Benutzung der Tabelle III S. 11 für Ebenentheile erster Art die Aufeinanderfolge $\widehat{14}\,\widehat{23}$, für Ebenentheile zweiter Art $\widehat{23}\,\widehat{14}$, für solche dritter Art $\widehat{13}\,\widehat{24}$, und endlich für solche vierter Art $\widehat{24}\,\widehat{13}$.

Es handelt sich nun darum, die Krümmungsverhältnisse einer Fläche (x_m, y_m, z_m) zu erkennen.

Für die Gesammtheit der Werthsysteme p, q ergibt sich unter Benutzung der Formeln 4) S. 16:

$$dx_m = \frac{\varrho_1}{2} \left[\left\{ \frac{\cos p}{\cos qi} (1-m) + \frac{i \sin p \sin qi}{\cos^2 qi} (1+m) \right\} dp \right.$$
$$\left. + \left\{ \frac{\cos p}{\cos qi} (1+m) - \frac{i \sin p \sin qi}{\cos^2 qi} (1-m) \right\} dq \right],$$

$$dy_m = \frac{\varrho_1}{2}\left[\left\{\frac{-\sin p}{\cos qi}(1-m) + \frac{i\cos p \sin qi}{\cos^2 qi}(1+m)\right\}dp\right.$$
$$\left. -\left\{\frac{\sin p}{\cos qi}(1+m) + \frac{i\cos p \sin qi}{\cos^2 qi}(1-m)\right\}dq\right],$$
$$dz_m = \frac{\varrho_1}{2}\left\{\frac{1+m}{\cos^2 qi}dp - \frac{1-m}{\cos^2 qi}dq\right\}.$$

Zu einer Stelle p, q in einem Ebenengebiet erster oder zweiter Art gehören die Werthe:

$$t_{1m} = -\frac{\sqrt{2(1+m^2)}+1-m}{1+m},\quad t_{2m} = \frac{\sqrt{2(1+m^2)}-1+m}{1+m},$$

und zu einer Stelle in einem Ebenentheil dritter oder vierter Art die Werthe:

$$t_{1m} = \frac{\sqrt{2(1+m^2)}-1+m}{1+m},\quad t_{2m} = -\frac{\sqrt{2(1+m^2)}+1-m}{1+m}.$$

Für Theile erster und zweiter Art wird somit:

$$\frac{\partial z_m}{\partial p} + \frac{\partial z_m}{\partial q}t_{1m} = \frac{\varrho_1\sqrt{2(1+m^2)}}{2\cos^2 qi}\;\frac{\sqrt{2(1+m^2)}+1-m}{1+m},$$
$$\frac{\partial z_m}{\partial p} + \frac{\partial z_m}{\partial q}t_{2m} = \frac{\varrho_1\sqrt{2(1+m^2)}}{2\cos^2 qi}\;\frac{\sqrt{2(1+m^2)}-1+m}{1+m}.$$

Es hat also sowohl der Ausdruck $\sqrt{E_m + 2F_m t_{1m} + G_m t_{1m}^2}$ wie der Ausdruck $\sqrt{E_m + 2F_m t_{2m} + G_m t_{2m}^2}$ das positive oder negative Vorzeichen, je nachdem $m \gtrless -1$ ist. Das Produkt beider Wurzeln ist daher positiv, und dies findet, wie man leicht sieht, auch für Ebenentheile dritter und vierter Art statt. Dieses Produkt bildet den Nenner des Ausdruckes: $A_{2m}B_{1m} - A_{1m}B_{2m}$, wo A_{1m}, A_{2m}, B_{1m}, B_{2m} bezüglich die für die Fläche (x_m, y_m, z_m) geltenden Grössen A_1, A_2, B_1, B_2 sind. Es bleibt daher nur noch das Vorzeichen des Zählers zu bestimmen. Der letztere ist gleich:

$$\left(\frac{\partial x_m}{\partial p}\frac{\partial y_m}{\partial q} - \frac{\partial x_m}{\partial q}\frac{\partial y_m}{\partial p}\right)\left(t_{1m} - t_{2m}\right)$$

und erhält für Stellen in Ebenentheilen erster oder zweiter Art die Form:

$$\varrho_1^2\frac{i\sin qi\,(1+m^2)\sqrt{2(1+m^2)}}{\cos^3 qi\,(1+m)},$$

für Ebenentheile dritter und vierter Art die Form:

$$-\varrho_1^2\frac{i\sin qi\,(1+m^2)\sqrt{2(1+m^2)}}{\cos^3 qi\,(1+m)}.$$

Bezeichnet man nun die auf die Fläche (x_m, y_m, z_m) bezogene Grösse δ_3 mit δ_{3m}, so wird die letztere negativ, wenn $m > -1$, positiv, wenn $m < -1$ ist.

Da nun $\gamma_m = \delta_2 \delta_{3m}$, so wird, bei $m > -1$, γ_m positiv für Ebenentheile zweiter und vierter Art, negativ für solche erster und dritter Art; bei $m < -1$ wird γ_m positiv für Ebenentheile erster und dritter, negativ für solche zweiter und vierter Art.

Endlich ist noch festzustellen, ob man σ_m als positiven oder als negativen Winkel in Rechnung zu setzen hat.

Es liege die Stelle p, q zunächst in einem Ebenentheil erster Art, und zwar sei $m > -1$. Aus den Formeln 12) des vorigen Paragraphen ergibt sich dann:

$$\sin 2\sigma_m = -\frac{1+m}{\sqrt{2(1+m^2)}}, \quad \cos 2\sigma_m = -\frac{1-m}{\sqrt{2(1+m^2)}},$$

folglich wird:

$$\sin \sigma_m = \sqrt{\frac{1}{2}\left(1+\frac{1-m}{\sqrt{2(1+m^2)}}\right)}, \quad \cos \sigma_m = \sqrt{\frac{1}{2}\left(1-\frac{1-m}{\sqrt{2(1+m^2)}}\right)}.$$

Zur Bestimmung der Vorzeichen dieser Quadratwurzeln betrachten wir die auf die Fläche (x_m, y_m, z_m) bezogenen Grössen C_1 und C_2, welche bezüglich mit C_{1m} und C_{2m} bezeichnet werden mögen. Dieselben müssen positiv ausfallen. Nun wird:

$$C_{1m} = \gamma_m \frac{\partial X}{\partial q} \frac{\sin \sigma_m}{\sqrt{N}}, \quad C_{2m} = -\gamma_m \frac{\partial X}{\partial q} \frac{\cos \sigma_m}{\sqrt{N}},$$

Ferner wird $\gamma_m = -1$, also ist σ_m ein negativer Winkel, dessen absoluter Werth kleiner ist wie $\frac{\pi}{2}$.

Man kann nun die Tabelle I S. 11 benutzen, sobald man sich in derselben δ_{3m} statt δ_3, φ_m statt φ und σ_m statt σ gesetzt denkt. Es ist hier:

$$\delta_2 = 1, \ \delta_{3m} = -1, \ \varphi_m = -\frac{\pi}{2}, \ -\frac{\pi}{2} < \sigma_m < 0, \ 0 < \sigma_m - \varphi_m < \frac{\pi}{2},$$

in welchem Falle aus der Tabelle die Aufeinanderfolge 1324 hervorgeht. In derselben Weise erhält man, wenn $m < -1$, die Aufeinanderfolge 1423.

Für Flächenelemente, welche den Ebenentheilen zweiter Art entsprechen, ergibt sich, wenn $m > -1$, die Folge 3241, wenn $m < -1$, die Folge 4231.

Bei Flächenelementen, welche zu Ebenentheilen dritter Art gehören, tritt, wenn $m > -1$, die Folge 1324, wenn $m < -1$, die Folge 1423 auf.

Endlich erhalten wir für Flächenelemente, welche auf Ebenentheile vierter Art bezogen sind, wenn $m > -1$, die Folge 3241, wenn $m < -1$, die Folge 1423.

Vergleicht man nun diese Folgen mit den entsprechenden für die Fläche (x, y, z) geltenden, und bestimmt, dass die Grösse einer Drehung den Werth $\frac{\pi}{2}$ nicht überschreiten soll, so erkennt man, dass die Elemente der Fläche (x_m, y_m, z_m) aus den parallelen Elementen der Fläche (x, y, z) für Ebenentheile erster und zweiter Art bei $m > -1$ durch eine Rechtsdrehung, bei $m < -1$ durch eine Linksdrehung, hingegen für Ebenentheile dritter und vierter Art bei $m > -1$ durch eine Linksdrehung, bei $m < -1$ durch eine Rechtsdrehung erhalten werden.

§ 25.

Fragen wir jetzt nach den Bedingungen, unter denen ein beliebig gegebenes Strahlensystem, bei welchem aber die Grösse $H\Psi - \Phi^2$ im Allgemeinen von Null verschieden ist, zu den jetzt betrachteten gehört d. h. sich aus erzeugenden Functionen herleiten lässt.

Unter den Flächen, von denen aus man die Abscissen auf den einzelnen Strahlen rechnen kann, hat man eine in's Auge zu fassen, die sich für jedes Strahlensystem eindeutig bestimmen lässt. Wir wählen hierzu die Mittelpunktsfläche, deren Coordinaten mit x_0, y_0, z_0 bezeichnet werden sollen. Die auf diese Fläche bezogenen Grössen e, f, f', g mögen bezüglich e_0, f_0, f'_0, g_0 genannt werden.

Für ein Strahlensystem mit der verlangten Eigenschaft ergibt sich aus 4) § 21:

$$\left.\begin{aligned} x_0 &= \frac{1}{2}(x+x_1), \\ y_0 &= \frac{1}{2}(y+y_1), \\ z_0 &= \frac{1}{2}(z+z_1). \end{aligned}\right\} \qquad 1)$$

Daher folgt:

$$e_0 = \frac{1}{2}(e-f), \quad f_0 = \frac{1}{2}(e+f),$$

$$f'_0 = \frac{1}{2}(f'-g), \quad g_0 = \frac{1}{2}(f'+g),$$

und mit Benutzung der Gleichungen 1) § 22 entsteht:

$$e_0 = \frac{1}{2} R \Phi,\ f_0 = -\frac{1}{2} R H,\ f'_0 = \frac{1}{2} R \Psi,\ g_0 = -\frac{1}{2} R \Phi. \tag{2}$$

Nimmt man: $R = \frac{2 f'_0}{\Psi}$, so wird:

$$e_0 = \frac{f'_0 \Phi}{\Psi},\ f_0 = -\frac{f'_0 H}{\Psi},\ g_0 = -e_0. \tag{3}$$

Nun bedeutet $\frac{R}{2}$ die Abscisse des Punktes (x_1, y_1, z_1) auf dem Strahl (ξ, η, ζ), während $-\frac{R}{2}$ die Abscisse des Punktes (x, y, z) darstellt. Für die Coordinaten der beiden verwandten Flächen (x, y, z) und (x_1, y_1, z_1) ergeben sich daher die Gleichungen:

$$\left.\begin{aligned} x &= x_0 - \frac{R}{2}\xi, \\ y &= y_0 - \frac{R}{2}\eta, \\ z &= z_0 - \frac{R}{2}\zeta, \end{aligned}\right\} \ 4) \qquad \left.\begin{aligned} x_1 &= x_0 + \frac{R}{2}\xi, \\ y_1 &= y_0 + \frac{R}{2}\eta, \\ z_1 &= z_0 + \frac{R}{2}\zeta, \end{aligned}\right\} \ 5)$$

und jede der drei Grössen $x + ix_1$, $y + iy_1$, $z + iz_1$ ist eine Function von $p + iq$. Daher liefern die Gleichungen 4) und 5) zunächst die Beziehungen:

$$\left.\begin{aligned} \frac{\partial x_0}{\partial p} - \frac{R}{2}\frac{\partial \xi}{\partial p} - \frac{\xi}{2}\frac{\partial R}{\partial p} &= \frac{\partial x_0}{\partial q} + \frac{R}{2}\frac{\partial \xi}{\partial q} + \frac{\xi}{2}\frac{\partial R}{\partial q}, \\ \frac{\partial y_0}{\partial p} - \frac{R}{2}\frac{\partial \eta}{\partial p} - \frac{\eta}{2}\frac{\partial R}{\partial p} &= \frac{\partial y_0}{\partial q} + \frac{R}{2}\frac{\partial \eta}{\partial q} + \frac{\eta}{2}\frac{\partial R}{\partial q}, \\ \frac{\partial z_0}{\partial p} - \frac{R}{2}\frac{\partial \zeta}{\partial p} - \frac{\zeta}{2}\frac{\partial R}{\partial p} &= \frac{\partial z_0}{\partial q} + \frac{R}{2}\frac{\partial \zeta}{\partial q} + \frac{\zeta}{2}\frac{\partial R}{\partial q}. \end{aligned}\right\} \tag{6}$$

Multiplizirt man diese Gleichungen der Reihe nach mit $\frac{\partial \xi}{\partial p}, \frac{\partial \eta}{\partial p}, \frac{\partial \zeta}{\partial p}$, dann mit $\frac{\partial \xi}{\partial q}, \frac{\partial \eta}{\partial q}, \frac{\partial \zeta}{\partial q}$, endlich mit ξ, η, ζ und addirt sie jedesmal, so entstehen die Relationen:

$$\left.\begin{aligned} & e_0 - \frac{R}{2} H = f_0 + \frac{R}{2}\Phi, \\ & f'_0 - \frac{R}{2}\Phi = g_0 + \frac{R}{2}\Psi, \\ & \Sigma \frac{\partial x_0}{\partial p}\xi - \frac{1}{2}\frac{\partial R}{\partial p} = \Sigma \frac{\partial x_0}{\partial q}\xi + \frac{1}{2}\frac{\partial R}{\partial q}. \end{aligned}\right\} \tag{7}$$

Von diesen sind die beiden ersten eine Folge von 2).

Ferner ergibt sich aus 4) und 5):

$$\left.\begin{aligned}\frac{\partial x_0}{\partial q}-\frac{R}{2}\frac{\partial \xi}{\partial q}-\frac{\xi}{2}\frac{\partial R}{\partial q}&=-\frac{\partial x_0}{\partial p}-\frac{R}{2}\frac{\partial \xi}{\partial p}-\frac{\xi}{2}\frac{\partial R}{\partial p},\\ \frac{\partial y_0}{\partial q}-\frac{R}{2}\frac{\partial \eta}{\partial q}-\frac{\eta}{2}\frac{\partial R}{\partial q}&=-\frac{\partial y_0}{\partial p}-\frac{R}{2}\frac{\partial \eta}{\partial p}-\frac{\eta}{2}\frac{\partial R}{\partial p},\\ \frac{\partial z_0}{\partial q}-\frac{R}{2}\frac{\partial \zeta}{\partial q}-\frac{\zeta}{2}\frac{\partial R}{\partial q}&=-\frac{\partial z_0}{\partial p}-\frac{R}{2}\frac{\partial \zeta}{\partial p}-\frac{\zeta}{2}\frac{\partial R}{\partial p}.\end{aligned}\right\} \quad 8)$$

Verfährt man hier wie mit den Gleichungen 6), so erhält man die Beziehungen:

$$\left.\begin{aligned}f_0-\frac{R}{2}\Phi&=-e_0-\frac{R}{2}H,\\ g_0-\frac{R}{2}\Psi&=-f'_0-\frac{R}{2}\Phi,\\ \Sigma\frac{\partial x_0}{\partial q}\xi-\frac{1}{2}\frac{\partial R}{\partial q}&=-\Sigma\frac{\partial x_0}{\partial p}\xi-\frac{1}{2}\frac{\partial R}{\partial p},\end{aligned}\right\} \quad 9)$$

von denen wiederum die beiden ersten eine Folge von 2) sind.

Die dritte Gleichung in 7) und die dritte Gleichung in 9) kann man durch die beiden Relationen:

$$\Sigma\frac{\partial x_0}{\partial p}\xi=\frac{\partial\frac{f'_0}{\Psi}}{\partial q},\quad \Sigma\frac{\partial x_0}{\partial q}\xi=-\frac{\partial\frac{f'_0}{\Psi}}{\partial p} \quad 10)$$

ersetzen.

Nehmen wir jetzt an, dass die für ein beliebiges Strahlensystem berechneten Grössen x_0, y_0, z_0, ξ, η, ζ sowohl die Beziehungen 3) wie 10) erfüllen, und dass $H\Psi-\Phi^2$ von Null verschieden sei. Man kann dann schliessen, dass das in Frage stehende Strahlensystem die Eigenschaft hat, sich aus drei erzeugenden Functionen der complexen Variabeln $p+iq$ herleiten zu lassen.

Definirt man nämlich die Grösse R durch die Gleichung:

$$R=\frac{2f'_0}{\Psi},$$

so kann man mit Hülfe von 3) und 10) zunächst die Systeme 7) und 9), sodann 6) und 8) aufstellen. Die letzteren aber lehren, dass die durch 4) und 5) definirten Ausdrücke $x+ix_1$, $y+iy_1$, $z+iz_1$ Functionen der complexen Variabeln $p+iq$ sind. Aus den Gleichungen 4) und 5) selbst ersieht man dann, dass diese Functionen für das betrachtete Strahlensystem in der That die Rolle von erzeugenden Functionen spielen.

Die drei Gleichungen 3) sind nun nicht von einander unabhängig, sondern eine ist eine Folge der beiden andern. Da nämlich x_0, y_0, z_0 die Coordinaten der Mittelpunktsfläche eines Strahlensystems sind, so müssen die Abscissen der Grenzpunkte der kürzesten Abstände des Strahls (ξ, η, ζ) von seinen Nachbarn, dem absoluten Werth nach gleich, dem Vorzeichen nach entgegengesetzt sein. Daher ergibt sich aus der Gleichung 2) S. 55 die Beziehung:

$$g_0 H + e_0 \Psi = (f_0 + f'_0)\,\Phi,$$

und man kann die Relation: $g_0 = - e_0$ in 3) als eine Folge der beiden andern Relationen:

$$e_0 \Psi = f'_0 \Phi,$$
$$f_0 \Psi = - f'_0 H$$

betrachten.

Wir haben also folgendes Resultat: „Ist ein Strahlensystem dadurch bestimmt, dass die Coordinaten der Fläche, von welcher aus die Abscissen auf den Strahlen des Systems gerechnet werden, sowie die Richtungscosinus ξ, η, ζ der Strahlen des Systems als Functionen der beiden unabhängigen Veränderlichen p und q gegeben sind, jedoch so, dass der Ausdruck $H\Psi - \Phi^2$ nicht verschwindet, so lässt sich das Strahlensystem aus drei Functionen der complexen Veränderlichen $p + iq$ herleiten, wenn die Gleichungen:

$$\left.\begin{aligned} &\Psi \Sigma \frac{\partial x_0}{\partial p}\frac{\partial \xi}{\partial p} = \Phi \Sigma \frac{\partial x_0}{\partial p}\frac{\partial \xi}{\partial q}, \\ &\Psi \Sigma \frac{\partial x_0}{\partial q}\frac{\partial \xi}{\partial p} = - H \Sigma \frac{\partial x_0}{\partial p}\frac{\partial \xi}{\partial q}, \\ &\Sigma \xi \frac{\partial x_0}{\partial p} = \frac{\partial \frac{f'_0}{\Psi}}{\partial q}, \quad \Sigma \xi \frac{\partial x_0}{\partial q} = - \frac{\partial \frac{f'_0}{\Psi}}{\partial p} \end{aligned}\right\} \qquad 13)$$

bestehen, wobei x_0, y_0, z_0 die Coordinaten der Mittelpunktsfläche des Strahlensystems bedeuten".

Sind nun die Grössen x_0, y_0, z_0, ξ, η, ζ als Functionen der beiden Veränderlichen p_1 und q_1 dargestellt, so lässt sich das zugehörige Strahlensystem aus drei Functionen der complexen Veränderlichen $p + iq$ herleiten, wenn es möglich ist, p_1 und q_1 so durch p und q auszudrücken, dass die vorstehenden Gleichungen 13) erfüllt werden. Es erscheinen alsdann p_1 und q_1 als Integrale eines Systems von vier partiellen Differentialgleichungen, die sich mit Hülfe der Transformationsformeln S. 66 leicht aufstellen lassen.

Betrachten wir das vorliegende Problem noch von einer anderen Seite. Wenn ein Strahlensystem die Eigenschaft hat, aus drei Functionen einer complexen Veränderlichen $p + iq$ hergeleitet werden zu können, so lehren die Gleichungen 5) § 21, dass die erzeugenden Functionen seiner Mittelpunktsfläche durch die rechten Seiten der Gleichungen:

$$\left.\begin{aligned}\frac{1}{1+i}U&=\frac{1}{2}(x+x_1+i(x_1-x)),\\ \frac{1}{1+i}V&=\frac{1}{2}(y+y_1+i(y_1-y)),\\ \frac{1}{1+i}W&=\frac{1}{2}(z+z_1+i(z_1-z))\end{aligned}\right\} \quad 14)$$

dargestellt werden. Bezeichnen wir diese Functionen der Reihe nach mit $x_0+i\mathfrak{x}_0$, $y_0+i\mathfrak{y}_0$, $z_0+i\mathfrak{z}_0$, so wird:

$$\xi=\frac{\mathfrak{x}_0}{\sqrt{\mathfrak{x}_0^2+\mathfrak{y}_0^2+\mathfrak{z}_0^2}},\ \eta=\frac{\mathfrak{y}_0}{\sqrt{\mathfrak{x}_0^2+\mathfrak{y}_0^2+\mathfrak{z}_0^2}},\ \zeta=\frac{\mathfrak{z}_0}{\sqrt{\mathfrak{x}_0^2+\mathfrak{y}_0^2+\mathfrak{z}_0^2}}, \quad 15)$$

und $(1+i)(x_0+i\mathfrak{x}_0)$, $(1+i)(y_0+i\mathfrak{y}_0)$, $(1+i)(z_0+i\mathfrak{z}_0)$ werden die erzeugenden Functionen des Strahlensystems.

Ist nun ein Strahlensystem dadurch bestimmt, dass die Coordinaten der Ausgangsfläche und die Richtungscosinus der Strahlen des Systems als Functionen von p_1 und q_1 gegeben sind, so hat man zunächst zu untersuchen, ob die Coordinaten x_0, y_0, z_0 der Mittelpunktsfläche des Strahlensystems sich durch die reellen Theile dreier Functionen einer complexen Veränderlichen darstellen lassen, d. h., ob es möglich ist eine solche Transformation $p_1=f(p,q)$, $q_1=\varphi(p,q)$ zu finden, vermöge deren x_0, y_0, z_0 die reellen Theile dreier Functionen von $p+iq$ werden. Liegt diese Möglichkeit vor, so ist es nicht ausgeschlossen, dass sich die Funktionen f und φ auf mannigfache Weisen bestimmen lassen. Zu jeder dieser Bestimmungen:

$$p_1=f_\lambda(p,q),\ q_1=\varphi_\lambda(p,q)$$

gehört ein System U_λ, V_λ, W_λ von erzeugenden Functionen der Fläche x_0, y_0, z_0. Die reellen Theile der Functionen U_λ, bez. V_λ, bez. W_λ stimmen für jeden Werth von λ überein. Man hat nun diejenigen Systeme herauszugreifen, in welchen die imaginären Theile bezüglich nicht übereinstimmen. Nennen wir diese:

$$U_1,\ V_1,\ W_1;\ U_2,\ V_2,\ W_2;\ldots U_\varkappa,\ V_\varkappa,\ W_\varkappa$$

so wird das gegebene Strahlensystem die verlangte Eigenschaft haben oder nicht, je nachdem sich unter den letzten Functionssystemen eins findet oder nicht, mit Hülfe dessen sich die Gleichungen 15) befriedigen lassen.

Diese Art des Verfahrens kommt in letzter Linie darauf hinaus, die sämmtlichen Integrale eines Systems partieller Differentialgleichungen zu ermitteln, welches die Bedingungen dafür enthält, dass die Coordinaten einer Fläche sich durch die reellen Theile dreier Functionen einer complexen Variabeln ausdrücken lassen.

Das fragliche System ist leicht aufzustellen.

Sind nämlich die Coordinaten x, y, z einer Fläche als Functionen von p und q gegeben, so enthalten die Gleichungen 3) § 23, so wie, wenn die Fläche nicht abwickelbar ist, auch die Gleichungen 4) § 23 die nothwendigen und hinreichenden Bedingungen für die Darstellbarkeit von x, y, z durch die reellen Theile dreier Functionen von $p+iq$.

Sind aber die Grössen x, y, z als Functionen p_1 und q_1 gegeben, so bezeichnen wir die in diesen Variabeln gebildeten Ausdrücke, Θ, Θ', Θ'', E, F, G der Reihe nach mit Θ_1, Θ'_1, Θ''_1, E_1, F_1, G_1 und erhalten an Stelle von 3) § 23:

$$\left.\begin{aligned}&\Theta_1\left\{\left(\frac{\partial p_1}{\partial p}\right)^2+\left(\frac{\partial p_1}{\partial q}\right)^2\right\}+2\Theta'_1\left\{\frac{\partial p_1}{\partial p}\frac{\partial q_1}{\partial p}+\frac{\partial p_1}{\partial q}\frac{\partial q_1}{\partial q}\right\}+\Theta''_1\left\{\left(\frac{\partial q_1}{\partial p}\right)^2+\left(\frac{\partial q_1}{\partial q}\right)^2\right\}=0,\\ &E_1\left(\frac{\partial p_1}{\partial q}+i\frac{\partial p_1}{\partial p}\right)^2+2F_1\left(\frac{\partial p_1}{\partial q}+i\frac{\partial p_1}{\partial p}\right)\left(\frac{\partial q_1}{\partial q}+i\frac{\partial q_1}{\partial p}\right)+G_1\left(\frac{\partial q_1}{\partial q}+i\frac{\partial q_1}{\partial p}\right)^2=\mathfrak{F}(p+qi).\end{aligned}\right\}\quad 16)$$

An Stelle von 4) § 23 ergibt sich, wenn man die in den Variablen p_1 und q_1 gebildeten Ausdrücke L, M, N, σ, φ der Reihe nach mit L_1, M_1, N_1, σ_1, φ_1 bezeichnet unter Zuhilfenahme der Transformationsformeln 2) und 3) S. 47:

$$\left.\begin{aligned}&L_1\left\{\varrho_1\cos^2\sigma_1+\varrho_2\sin^2\sigma_1\right\}\left\{\left(\frac{\partial p_1}{\partial p}\right)^2+\left(\frac{\partial p_1}{\partial q}\right)^2\right\}\\ &+2\sqrt{L_1}\sqrt{N_1}\left\{\varrho_1\cos\sigma_1\cos(\sigma_1-\varphi_1)+\varrho_2\sin\sigma_1\sin(\sigma_1-\varphi_1)\right\}\left\{\frac{\partial p_1}{\partial p}\frac{\partial q_1}{\partial p}+\frac{\partial p_1}{\partial q}\frac{\partial q_1}{\partial q}\right\}\\ &+N_1\left\{\varrho_1\cos^2(\sigma_1-\varphi_1)+\varrho_2\sin^2(\sigma_1-\varphi_1)\right\}\left\{\left(\frac{\partial q_1}{\partial p}\right)^2+\left(\frac{\partial q_1}{\partial q}\right)^2\right\}=0,\\ &\varrho_1^2\left\{\sqrt{L_1}\cos\sigma_1\left(\frac{\partial p_1}{\partial q}+i\frac{\partial p_1}{\partial p}\right)+\sqrt{N_1}\cos(\sigma_1-\varphi_1)\left(\frac{\partial q_1}{\partial q}+i\frac{\partial q_1}{\partial p}\right)\right\}^2\\ &+\varrho_2^2\left\{\sqrt{L_1}\sin\sigma_1\left(\frac{\partial p_1}{\partial q}+i\frac{\partial p_1}{\partial p}\right)+\sqrt{N_1}\sin(\sigma_1-\varphi_1)\left(\frac{\partial q_1}{\partial q}+i\frac{\partial q_1}{\partial p}\right)\right\}^2=\mathfrak{F}(p+qi).\end{aligned}\right\}\quad 17)$$

Sobald nun p_1 und q_1 dem System 16) oder 17) gemäss als Functionen von p und q bestimmt werden können, besitzt die Fläche (x, y, z) erzeugende Functionen.

An der Hand des Systems 16) oder 17) lässt sich leicht zeigen, dass eine Minimalfläche stets erzeugende Functionen besitzt, welche der Differentialgleichung:

$$\left(\frac{dU}{du}\right)^2+\left(\frac{dV}{du}\right)^2+\left(\frac{dW}{du}\right)^2=0$$

genügen. Nehmen wir nämlich an, dass die Curven $p_1=\text{const.}$, $q_1=\text{const.}$ mit den Krümmungslinien der Minimalfläche zusammenfallen, so erhält sowohl, wenn $\sigma_1 = 0$, $\varphi_1 = -\frac{\pi}{2}$, als wenn $\sigma_1 = \varphi_1 = \frac{\pi}{2}$ ist, das System 17) die Form:

$$\left.\begin{aligned} \varrho_1 \left\{L_1\left(\left(\frac{\partial p_1}{\partial p}\right)^2 + \left(\frac{\partial p_1}{\partial q}\right)^2\right) - N_1\left(\left(\frac{\partial q_1}{\partial p}\right)^2 + \left(\frac{\partial q_1}{\partial q}\right)^2\right)\right\} &= 0, \\ \varrho_1^2 \left\{L_1\left(\frac{\partial p_1}{\partial q} + i\frac{\partial p_1}{\partial p}\right)^2 + N_1\left(\frac{\partial q_1}{\partial q} + i\frac{\partial q_1}{\partial p}\right)^2\right\} &= \mathfrak{F}(p+qi). \end{aligned}\right\} \quad 18)$$

Betrachten wir jetzt p_1 als Function von p allein, q_1 als Function von q allein, so entsteht statt des letzten Systems das folgende:

$$\left.\begin{aligned} \varrho_1 \left\{L_1\left(\frac{dp_1}{dp}\right)^2 - N_1\left(\frac{dq_1}{dq}\right)^2\right\} &= 0, \\ -\varrho_1^2 \left\{L_1\left(\frac{dp_1}{dp}\right)^2 - N_1\left(\frac{dq_1}{dq}\right)^2\right\} &= \mathfrak{F}(p+qi). \end{aligned}\right\} \quad 19)$$

Hieraus ist ersichtlich, dass sobald die erste dieser Gleichungen besteht, auch die beiden Differentialgleichungen erfüllt sind, welche von der zweiten vertreten werden.

Die Integration der ersten Gleichung in 19) gelingt mit Hülfe einer auf der Seite 37 gemachten Bemerkung, nach welcher $\varrho_1 L$ eine Function von p_1 allein, $\varrho_1 N$ eine solche von q_1 allein ist.

Setzt man nämlich unter c eine beliebige Constante verstehend:

$$dp = \frac{1}{c}\sqrt{\varrho_1 L_1}\, dp_1, \quad dq = \frac{1}{c}\sqrt{\varrho_1 N_1}\, dq_1,$$

so wird dem System 19) genügt, p und q erhält man durch Quadraturen, und durch Umkehrung der Integrale für p und q erscheint p_1 als Function von p, q_1 als Function von q. Jetzt ergibt sich:

$$L = \frac{c^2}{\varrho_1}, \quad M = 0, \quad N = \frac{c^2}{\varrho_1},$$

sodass die Curven $p =$ const., $q =$ const. auf der Einheitskugel ein isometrisches System bilden. Nach einem Satze auf der Seite 40 bilden sie daher ein solches auch auf der Minimalfläche. Dies bedingt aber nach einer Bemerkung auf der Seite 86 das Verschwinden von $\mathfrak{E}$ oder was dasselbe ist, das Bestehen der Gleichung:

$$\left(\frac{dU}{du}\right)^2 + \left(\frac{dV}{du}\right)^2 + \left(\frac{dW}{du}\right)^2 = 0.$$

Werfen wir noch einen Blick auf den Umstand, dass jedesmal, wenn eine Minimalfläche aus erzeugenden, der vorstehenden Differentialgleichung genügenden, Functionen hergeleitet ist, die Curven $p =$ const., $q =$ const. auf der Einheitskugel isometrisch sind.

In diesem Falle kann man den Gleichungen 19) § 8 S. 37, falls wieder

$$\sqrt{L} = \varepsilon \sqrt{N}$$

gesetzt wird, die Form geben:

$$\left.\begin{aligned} \frac{\partial \log \varrho_1 L}{\partial p} &= \frac{\partial \mp \varepsilon 2\sigma}{\partial q}, \\ \frac{\partial \log \varrho_1 L}{\partial q} &= -\frac{\partial \mp \varepsilon 2\sigma}{\partial p}, \end{aligned}\right\} \qquad 20)$$

wo in dem Ausdruck $\mp \varepsilon 2\sigma$ das Zeichen — oder + zu setzen ist, je nachdem φ gleich $\frac{\pi}{2}$ oder gleich $-\frac{\pi}{2}$ ist.

Die Gleichungen 20) lehren nun, dass $\log \varrho_1 L \mp \varepsilon 2 i \sigma$, oder $\varrho_1 L e^{\mp \varepsilon 2 i \sigma}$ eine Function von $p + i q$ wird.

Diese Thatsache begreift eine Bemerkung unter sich, welche Herr Lipschitz in seinen Untersuchungen (Sitzungsbericht der Berliner Akademie vom 8. Februar 1883 S. 17) anführt.

Dort wird gezeigt, dass, wenn man:

$$X = \cos p_1, \quad Y = \sin p_1 \cos q_1, \quad Z = \sin p_1 \sin q_1$$

nimmt, $\varrho_1 e^{2 i \sigma_1} \sin^2 p_1$ eine Function von $\log \operatorname{tg} \frac{1}{2} p_1 + i q_1$ wird.

Um diesen Satz auf die eben hervorgehobene Thatsache zurückzuführen, definiren wir nach O. Bonnet's Vorgang die neuen Variablen p und q durch die Gleichungen:

$$p = \log \operatorname{tg} \frac{1}{2} p_1, \quad q = q_1,$$

wodurch sich ergibt:

$$\left.\begin{aligned} X &= \frac{e^{2p} - 1}{1 + e^{2p}}, \quad Y = \frac{2e^{p} \cos q}{1 + e^{2p}}, \quad Z = \frac{2e^{p} \sin q}{1 + e^{2p}}, \\ L &= N = \frac{4 e^{2p}}{(1 + e^{2p})^2}, \quad M = 0. \end{aligned}\right\} \qquad 21)$$

Diese Darstellung der Grössen X, Y, Z hat also die Eigenschaft, dass die Curven $p =$ const., $q =$ const. auf der Einheitskugel isometrisch ausfallen.

Der Ausdruck: $\dfrac{4 \varrho_1 e^{2p} e^{\mp \varepsilon 2 i \sigma}}{(1 + e^{2p})^2}$ wird jetzt eine Function von $p + iq$, oder was dasselbe ist, der Ausdruck $\varrho_1 \sin^2 p_1 e^{\mp \varepsilon 2 i \sigma_1}$ wird eine Function von $\log \operatorname{tg} \frac{1}{2} p_1 + i q_1$.

Es sei noch bemerkt, dass, wenn nicht abwickelbare Flächen aus erzeugenden Functionen hergeleitet werden, allein für die Minimalflächen die Curven $p = \text{const.}$, $q = \text{const.}$ auf der Einheitskugel isometrisch ausfallen. Denn für $L = N$, $M = 0$ geht die erste Gleichung in 4) § 23 in die folgende:

$$L(\varrho_1 + \varrho_2) = 0$$

über, welche nur bestehen kann, wenn $\varrho_1 + \varrho_2$ verschwindet.

Berichtigungen.

S. 18 Zeile 7 und 8 ist statt S zu setzen Σ.
S. 28 Zeile 4 von unten muss 4 statt 5 stehn.
S. 37 Zeile 14 lies „constant" statt „const."
S. 41 fehlt am Ende der letzten Zeile der Faktor „dq".
S. 43 fehlt im Anfang der siebten Zeile „von".
S. 45 Zeile 5 muss der Ausdruck in der geschweiften Klammer zum Quadrat erhoben werden.
S. 46 Zeile 3 von unten fehlt nach „baren": „Fläche".
S. 56 Zeile 13 lies „t_1" statt „t_1".

Universitäts-Buchdruckerei von Carl Georgi in Bonn.

www.ingramcontent.com/pod-product-compliance
Lightning Source LLC
LaVergne TN
LVHW091728021026
849161LV00003BB/495